DEUTSCHE AKADEMIE
DER LANDWIRTSCHAFTSWISSENSCHAFTEN ZU BERLIN

ALBRECHT-THAER-ARCHIV

Arbeiten aus den Gebieten

Bodenkunde

Pflanzenernährung

Acker- und Pflanzenbau

Band 4

JAHRESINHALTSVERZEICHNIS

1960

AKADEMIE-VERLAG · BERLIN

Herausgegeben von der
Deutschen Akademie der Landwirtschaftswissenschaften zu Berlin

Schriftleitung: Prof. Dr. agr. habil. E. PLACHY

Redaktion: Dipl.-Landw. R. STUBBE

Begründet von der
Landwirtschaftlich-Gärtnerischen Fakultät
der Humboldt-Universität zu Berlin

Das Albrecht-Thaer-Archiv erscheint in Heften mit einem Umfang von je 5 Druckbogen (80 Seiten). Die innerhalb eines Jahres herausgegebenen 10 Hefte bilden einen Band. Das letzte Heft jedes Bandes enthält Inhalts- und Sachverzeichnis.

Der Bezugspreis beträgt 5,— DM je Heft.

Die Schriftleitung nimmt nur Manuskripte an, deren Gesamtumfang 25 Schreibmaschinenseiten nicht überschreitet und die bisher noch nicht, auch nicht in anderer Form, im In- oder Ausland veröffentlicht wurden. Jeder Arbeit ist ferner eine Zusammenfassung mit den wichtigsten Ergebnissen, wenn möglich auch in russischer und englischer bzw. französischer Sprache, beizufügen. Gegebenenfalls erfolgt die Übersetzung in der Akademie.

Manuskripte sind zu senden an die Schriftleitung, Deutsche Akademie der Landwirtschaftswissenschaften zu Berlin, Berlin W 8, Krausenstr. 38—39.

Die Autoren erhalten Fahnen- und Umbruchabzüge mit befristeter Terminstellung. Bei Nichteinhaltung der Termine erteilt die Redaktion Imprimatur.

Jeder Autor erhält unentgeltlich 100 Sonderdrucke und ein Honorar von 40,— DM für den Druckbogen. Das Honorar schließt auch die Urheberrechte für das Bildmaterial ein. Dissertationen, auch gekürzte bzw. geänderte, werden nicht honoriert.

Verlag: Akademie-Verlag GmbH, Berlin W 8, Leipziger Str. 3—4, Fernruf 22 04 41, Telex-Nr. 011 773, Postscheckkonto: Berlin 350 21. Bestellnummer: 1051/4. Veröffentlicht unter der Lizenz-Nummer ZLN 5014 des Ministeriums für Kultur, Hauptverwaltung Verlagswesen. Herstellung: Druckhaus „Maxim Gorki", Altenburg.

INHALTSVERZEICHNIS

Band 4 — 1960

SACHVERZEICHNIS

Band 4 — 1960

DEUTSCHE AKADEMIE
DER LANDWIRTSCHAFTSWISSENSCHAFTEN ZU BERLIN

ALBRECHT-THAER-ARCHIV

Arbeiten aus den Gebieten

Bodenkunde
Pflanzenernährung
Acker- und Pflanzenbau

Band 4 • Heft 1
1960

AKADEMIE-VERLAG · BERLIN

Herausgegeben von der
Deutschen Akademie der Landwirtschaftswissenschaften zu Berlin

Schriftleitung: Prof. Dr. habil. E. PLACHY

Redaktion: Dipl.-Landw. R. STUBBE

Begründet von der
Landwirtschaftlich-Gärtnerischen Fakultät
der Humboldt-Universität zu Berlin

Das Albrecht-Thaer-Archiv erscheint in Heften mit einem Umfang von je 5 Druckbogen (80 Seiten). Die innerhalb eines Jahres herausgegebenen 8 Hefte bilden einen Band. Das letzte Heft jedes Bandes enthält Inhalts- und Sachverzeichnis.

Der Bezugspreis beträgt 5,— DM je Heft.
Die Schriftleitung nimmt nur Manuskripte an, deren Gesamtumfang 25 Schreibmaschinenseiten nicht überschreitet und die bisher noch nicht, auch nicht in anderer Form, im In- oder Ausland veröffentlicht wurden. Jeder Arbeit ist ferner eine Zusammenfassung mit den wichtigsten Ergebnissen, wenn möglich auch in russischer und englischer bzw. französischer Sprache beizufügen. Gegebenenfalls erfolgt die Übersetzung in der Akademie.

Manuskripte sind zu senden an die Schriftleitung, Deutsche Akademie der Landwirtschaftswissenschaften zu Berlin, Berlin W 8, Krausenstr 38—39.

Die Autoren erhalten Fahnen und Umbruchabzüge mit befristeter Terminstellung. Bei Nichteinhaltung der Termine erteilt die Redaktion Imprimatur.

Jeder Autor erhält unentgeltlich 160 Sonderdrucke und ein Honorar von 40 DM für den Druckbogen. Das Honorar schließt auch die Urheberrechte für das Bildmaterial ein. Dissertationen, auch gekürzte bzw. geänderte, werden nicht honoriert.

Verlag: Akademie-Verlag GmbH, Berlin W 1, Leipziger Str. 3—4, Fernruf 220441, Postscheckkonto: Berlin 35021. Bestellnummer dieses Heftes: 1051/4/1. Veröffentlicht unter der Lizenz-Nummer ZLN 5014 des Ministeriums für Kultur, Hauptverwaltung Verlagswesen. Herstellung: Druckhaus „Maxim Gorki", Altenburg.

DEUTSCHE AKADEMIE
DER LANDWIRTSCHAFTSWISSENSCHAFTEN ZU BERLIN

ALBRECHT-THAER-ARCHIV

Arbeiten aus den Gebieten

Bodenkunde

Pflanzenernährung

Acker- und Pflanzenbau

Schriftleitung:
Prof. Dr. habil. E. PLACHY

BAND 4 · HEFT 1
1960

AKADEMIE-VERLAG · BERLIN

INHALT

Aus dem Institut für Acker- und Pflanzenbau der Martin-Luther-Universität Halle-Wittenberg
(Direktor: Prof. Dr. habil. G. KÖNNECKE)

G. KÖNNECKE

Untersuchungen über die Verträglichkeit von Leguminosen und Getreide

Eingegangen: 17. 8. 1959

In der Fruchtfolgeforschung wird eine Reihe schwer definierbarer Begriffe verwendet. Als Sammelbezeichnung für Ertragsdepressionen beim wiederholten Nacheinanderbau der gleichen Fruchtart gebraucht man auch heute noch den Ausdruck Bodenmüdigkeit. Sie ist als Folge einer einseitigen Nutzung des Bodens, der dann wie ein Lebewesen „müde" wird, zu charakterisieren. Bodenmüdigkeit tritt vorwiegend in Monokulturen auf, worunter wir landwirtschaftlich den langjährig fortgesetzten Anbau der gleichen Kulturpflanzen verstehen.

Besonders deutlich ist die Bodenmüdigkeit bei lange genutzten Obstanlagen zu finden. Sie wird durch Wachstumsstörungen und Ertragsminderungen beim wiederholten Anbau ein und derselben Art auf dem gleichen Boden gekennzeichnet. Erschwerend für die klare Definition der Bodenmüdigkeit ist die Tatsache, daß sie in verschiedenen Gegenden in unterschiedlichem Maße auftritt. Es gibt Landstriche, wie das „Bodenseegebiet", das „Alte Land" bei Hamburg und andere Gebiete, in denen seit Jahrzehnten Apfel nach Apfel und sogar Apfelbaumschulenquartiere nacheinander ohne nennenswerte Schwierigkeiten stehen. Andererseits sind Gebiete zu verzeichnen, wo nach kurzjährigem Apfelanbau der Boden auf lange Zeit für diese Kultur unbrauchbar wurde.

Wie sieht es nun mit den Monokulturen in der eigentlichen Landwirtschaft aus? Charakteristisch sind Monokulturen in dem Wheat belt (Weizengürtel), Corn belt (Maisgürtel) und im Cotton belt (Baumwollgürtel) der USA. In diesen Gebieten prägen einzelne Früchte den Charakter einer ganzen Landschaft, wie der Weizen mit 40—50% des Ackerlandes in North Dacota, Kansas und Montana, die Baumwolle mit $^1/_3$ der Fläche von Texas oder Mais mit rund 50% in Iowa. Die jungfräulichen Böden, die kaum 100 Jahre in voller Nutzung stehen, haben ziemlich lange den überwiegenden Anbau einer Fruchtart vertragen, um dann aber sehr stark in den Erträgen abzusinken. Die nachlassenden Ernten und die zunehmende Gefährdung des Bodens durch die Erosion führten in den Gebieten der Monokulturen zur Einschaltung anderer Fruchtarten, wenn auch noch nicht zu einem geregelten Fruchtwechsel und noch viel weniger zu einer geordneten Fruchtfolge. Es wird dabei jedoch nicht der Ausdruck Bodenmüdigkeit gebraucht, sondern man spricht von dem Problem der Erhaltung der natürlichen Bodenfruchtbarkeit und sieht die Lösung in der Einfügung des Kleegrasanbaues.

Weiteres Beweismaterial für das Nachlassen der Erträge in Monokulturen liefern die in vielen Teilen der Welt durchgeführten Monokultur-Versuche. In dem durch Julius KÜHN im Jahre 1878 auf dem Versuchsfeld in Halle (Saale) angelegten Dauerversuch mit Winterroggen sollte festgestellt werden, „wie lange auf dem vorliegenden Boden ein solcher Betrieb bis zum vollständigen Mißraten der Früchte infolge des Mangels an Mineralstoffen fortgesetzt werden kann und in welcher Zeit dann die Zurückführung des erschöpften Bodens zur normalen Fruchtbarkeit mittels angemessener Düngung möglich sein wird" (7). Uns interessiert in diesem Zusammenhang nur das Absinken der Kornerträge, das bei der ungedüngten Parzelle 50,7%, bei der PK-Parzelle 44,2%, bei der N-Parzelle 38,9%, bei der NPK-Parzelle 24,0% und bei der Stallmistparzelle 4,3% beträgt, wenn man die ersten 10 Jahre (1879—1888) mit den Jahren 1939—1954 vergleicht. Der selbstverträgliche Roggen gestattete also 80 Jahre lang bei entsprechender Stallmist- oder NPK-Düngung die Monokultur, jedoch mußte auf Grund starker Verunkrautung mit Schachtelhalm 1959 Brache eingeschaltet werden.

Weitere Ertragszahlen liefern uns die englischen Monokultur-Versuche in Rothamsted (9, 10) und Woburn. Die beiden Stationen liegen nur wenige Meilen voneinander entfernt. Rothamsted weist schweren Lehm mit gelbrotem Tonuntergrund über Kreidemergel auf, und Woburn besitzt leichten, sandigen Lehm über Sand. An Hand von Versuchen mit Weizen und Sommergerste sollten die Auswirkungen der Monokultur bei den unterschiedlichen Bodenverhältnissen beider Standorte untersucht werden. In Rothamsted konnten die Weizenernten bei Stallmist- und NPK-Düngung über 6 Jahrzehnte gehalten werden, danach waren, in erster Linie durch starke Verunkrautung, nur noch halbe Erträge zu erzielen. Auf dem leichteren Boden in Woburn trat dagegen ein schnellerer Ertragsabfall ein.

Die Ernten der Sommergersten-Monokultur blieben bei Stallmistdüngung ebenfalls 6 Jahrzehnte konstant, die NPK-Parzelle sank jedoch nach 30 Jahren um 11% ab. In diesen Versuchen stellt die Verunkrautung, wie schon erwähnt, ein schweres Problem dar, wobei die Erträge in Woburn stärker beeinflußt wurden als in Rothamsted.

Die Müdigkeitserscheinungen sollen nach englischer Auffassung auf dem leichten Boden in Woburn deutlicher zu erfassen sein als unter den besseren Verhältnissen in Rothamsted. Dies stimmt mit den Ergebnissen unserer Versuche nicht überein, in denen wir gerade auf guten Böden stärkere Unverträglichkeitserscheinungen feststellen mußten. Das auffällige Absinken der NPK-Parzellen, in denen schwefelsaures Ammoniak in Woburn Verwendung fand, spricht in erster Linie für den Einfluß niedriger Bodenreaktion.

Von der Timirjasew-Akademie Moskau wurden in einem Bericht über Feldversuche [Redaktion: Akademiemitglied JAKUSCHKIN (4)] Ergebnisse über Monokulturen mit Winterroggen, Hafer, Kartoffeln, Klee und Lein mitgeteilt. Nach 40jähriger Dauerkultur brachte Lein überhaupt keine Ernten mehr, Klee ergab nur bei Kalk- und Stallmistdüngung noch einen schwachen Aufwuchs, die Hafererträge lagen ebenfalls niedrig, während Roggen und besonders Kartoffeln noch ausreichende Leistungen bei Stallmist-, Kalk- und NPK-Düngung aufwiesen.

In Deutschland liegen nach v. BOGUSLAWSKI (2) weitere Untersuchungen mit Zuckerrüben (KÜHN und ROEMER), Flachs (KASERER, KLETSCHOW und SOKOLOW), mit Kleearten, insbesondere Rotklee (Zusammenfassung bei SCHAEFFLER), Erbsen und vielen anderen Leguminosen (L. HILTNER, RIPPEL, BERKNER) u. a. vor.

Diese letzteren in Deutschland erzielten Erkenntnisse wurden nicht einwandfrei belegt (Versuchsmethodik) bzw. einseitig ausgewertet. Wir haben deshalb die Prüfung der Verträglichkeit im Rahmen unseres Forschungsschwerpunktes Fruchtfolge erneut unter Verwendung moderner Versuchsanlagen aufgenommen und an verschiedenen Standorten Monokultur und alternierenden Anbau mit Leguminosen und Getreidearten durchgeführt.

A. Verträglichkeit der Leguminosen

BERKNER (1) hat schon bei seinen Versuchen „zur Frage der Verträglichkeit einiger Leguminosen untereinander und mit sich selbst" auf die besondere Verunkrautungsgefahr der Leguminosen hingewiesen.

Mit den gleichen Schwierigkeiten hatten wir bei unseren Versuchen zu kämpfen, so daß diese nach drei-, vier- oder fünfjähriger Laufzeit wegen durchgehender Verqueckung abgebrochen werden mußten. Da wir ja nicht einen „ewigen" Leguminosenanbau vornehmen, sondern vor allem die „kurzjährige" Verträglichkeit untereinander prüfen wollen, ist es kein Nachteil, wenn die gleichen Versuche immer wieder unter verschiedenen Standortverhältnissen neu zur Anlage kommen.

An der Durchführung der Leguminosenverträglichkeitsversuche des Instituts für Acker- und Pflanzenbau der Martin-Luther-Universität Halle waren die wissenschaftlichen Mitarbeiter V. EHRENPFORDT, G. FRIESSLEBEN und P. MÜLLER beteiligt.

Die Versuchsanstellung wurde so vorgenommen, daß alle geprüften Fruchtarten in einem Jahr längs, im nächsten Jahr quer zur Grundlinie des Versuches angebaut wurden. Hieraus ergab sich folgendes Schema:

Tabelle 1

Anbaufolge in den Feldversuchen Etzdorf und Mößlitz (Erbsenvorfrüchte)

1953	Erbsen	Ackerbohnen	Phaseolus	Soja	Brache	Rotklee	Luzerne	Hafer	(Gerste)
1954	Erbsen	Erbsen	Erbsen	Erbsen	Erbsen	Erbsen	Erbsen	Erbsen	
1955	Erbsen	Ackerbohnen	Phaseolus	Soja	Brache	Rotklee	Luzerne	Hafer	(Gerste)
1956	Erbsen	Erbsen	Erbsen	Erbsen	Erbsen	Erbsen	Erbsen	Erbsen	
1957	Erbsen	Ackerbohnen	Phaseolus	Soja	Brache	Rotklee	Luzerne	Hafer	(Gerste)
1958	Erbsen	Erbsen	Erbsen	Erbsen	Erbsen	Erbsen	Erbsen	Erbsen	

Das für Erbsen angeführte Beispiel gilt in gleicher Weise für die anderen Fruchtarten und zeigt Monokulturparzellen und Teilstücke mit zweijährigem Wechsel.

Zur Methodik der Auswertung[1] sei angeführt, daß für diesen Überblick alle Werte über Relativzahlen zusammengestellt sind, um die starken Ertragsschwankungen von Jahr zu Jahr und von Ort zu Ort auszuschalten. Bei Hinzunahme der Monokultur mit ihren teilweise stark abfallenden Erträgen werden die Relativzahlen zu stark und vor allem unterschiedlich beeinflußt, wobei der Durchschnitt aller Vorfrüchte mit Ausnahme der Monokultur = 100 gesetzt ist. Die Monokulturen sind ebenfalls auf das Mittel der übrigen Vorfrüchte bezogen worden, so daß ihre Erträge ohne weiteres sowohl untereinander als auch mit den anderen Vorfruchtwerten vergleichbar sind.

Im folgenden werden die wichtigsten ackerbaulich genutzten Leguminosen in zwei Versuchsreihen besprochen und zunächst im Anbau als Monokultur abgehandelt.

[1] Die statistische Verrechnung wird von P. MÜLLER an anderer Stelle veröffentlicht.

1. Monokulturen

a) auf guten Böden

Die Leguminosenarten mit höheren Bodenansprüchen wurden auf den Volkseigenen Lehr- und Versuchsgütern Etzdorf und Mößlitz geprüft. Diese Betriebe liegen in der Magdeburg-Hallenser Börde im Regenschattengebiet des Harzes. Etzdorf weist auf Löß gelagerte Schwarzerde mit einer Ackerzahl um 90 auf, und Mößlitz besitzt Lößlehm (Ackerzahl um 80).

Es wurden Speiseerbsen, Phaseolusbohnen, Ackerbohnen, Sojabohnen, Rotklee und Luzerne in Monokultur angebaut, wozu zum Vergleich noch die Brache und eine Getreideart (Sommergerste in Etzdorf und Hafer in Mößlitz) hinzukamen.

In der Abbildung 1 wird der Ertragsverlauf der Monokulturen (gleitende Mittel) von Etzdorf (1954—1958) und Mößlitz (1954—1957) dargestellt.

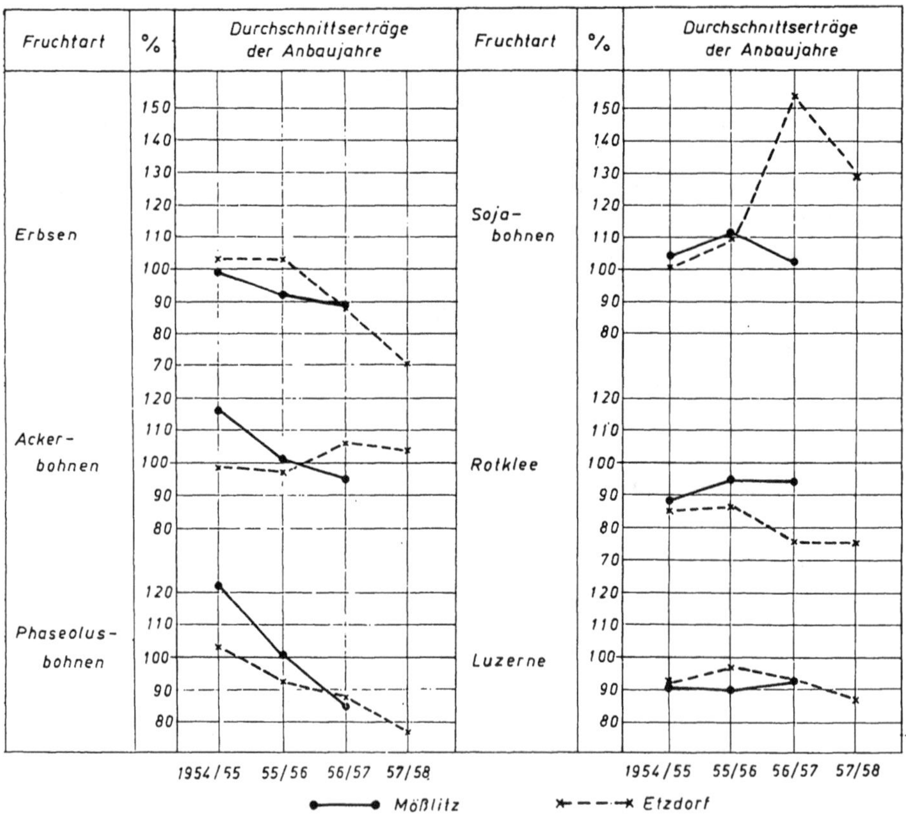

Abb. 1. Erträge der Monokulturen in Mößlitz und Etzdorf. Relativwerte

Die Zahlen weisen an beiden Orten zumeist eine gleichlaufende Tendenz auf. Bei Speiseerbsen und Phaseolusbohnen erfolgt ein besonders starker Ertragsabfall, obwohl letztere in der Literatur als selbstverträglich bezeichnet werden. Ackerbohnen zeigen ein ziemlich gleichbleibendes Niveau und Sojabohnen sogar einen Ertragsanstieg (Anreicherung artspezifischer Knöllchenbakterien). Rotklee und Luzerne lassen schon beim ersten Nachbau erhebliche Mindererträge erkennen, bei weiterem Anbau ist der Rückgang jedoch verhältnismäßig gering.

Als Ergänzung dieser Zahlen soll die Tabelle 2 angeführt werden, die mit dem Vergleich der ersten und späteren Nachbaujahre die durch Monokulturen hervorgerufene Ertragsdrückung noch besser charakterisiert.

Tabelle 2

Ertragsdrückung bei Monokulturen 1954—1958, Etzdorf und Mößlitz

Fruchtart	Anbaujahre 1. Hälfte	 2. Hälfte
Erbsen	100	67
Ackerbohnen	100	94
Phaseolusbohnen	100	76
Soja	100	111
Rotklee	100	98
Luzerne	100	99

Auf Grund der bisherigen Ergebnisse — die Versuche müssen noch viele Jahre weitergeführt werden — kann folgende Gruppeneinteilung der geprüften Leguminosenarten auf guten Böden vorgenommem werden:

Fruchtart	in den ersten Nachbaujahren (im Vergleich zur alternierenden Kultur)	in späteren Nachbaujahren
Erbsen, Phaseolus	normal — besser	abfallend
Ackerbohnen	normal	normal
Sojabohnen	normal	besser
Rotklee, Luzerne	schlecht	gleichbleibend schlecht

b) auf geringen Böden

In das Sortiment der Leguminosenverträglichkeitsversuche auf dem leichten Sandboden des Volkseigenen Lehr- und Versuchsgutes Noitzsch, Ackerzahl 23, wurden Felderbsen, schmalblättrige und gelbe Lupinen, Sommerwicken, Serradella und Hafer aufgenommen. Wegen starker Verqueckung mußte der Versuch schon nach 3 Jahren abgebrochen werden. Damit hat der Versuch eine geringere Aussagekraft als die Etzdorfer und Mößlitzer Ergebnisse.

Wie die folgende Abbildung 2 zeigt, kann man im allgemeinen aber auch hier bei den Monokulturen eine abfallende Tendenz feststellen. Ertragsanstiege im 2. oder 3. Nachbaujahr sind auf günstige Witterungseinflüsse zurückzuführen (durch die Relativen wird nur der durchschnittliche Jahreseinfluß ausgeschaltet).

Neben den Monokulturen erfolgte die Prüfung der Leguminosen im abwechselnden (alternierenden) Anbau, woraus sich zunächst die mittlere Vorfruchteignung jeder Fruchtart ergab.

2. Generelle (mittlere) Vorfruchteignung

Wie unsere Ergebnisse erkennen lassen, reagiert nicht nur jede Nachfrucht unterschiedlich auf jede Vorfrucht, sondern es werden auch Unterschiede von Vorfrucht

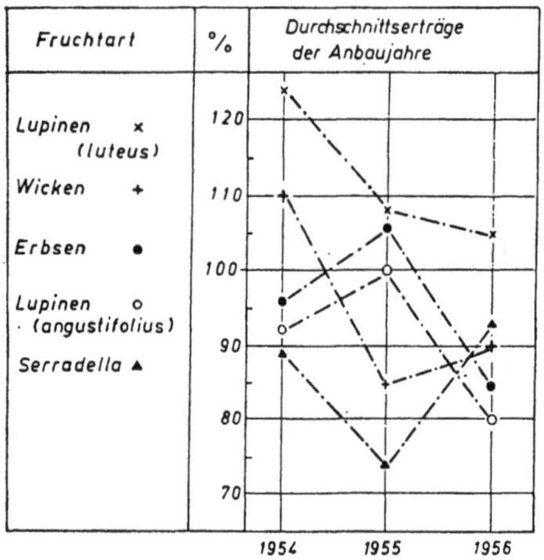

Abb. 2. Erträge der Monokulturen in Noitzsch. Relativwerte

zu Vorfrucht in der Summe aller Nachfrüchte deutlich. Diese Differenzen sind systematisch und nicht zufällig.

Stellt man beispielsweise für Etzdorf und Mößlitz getrennt die Vorfruchteignung der einzelnen Leguminosen, von Brache, Gerste und Hafer fest, so ergeben sich folgende Zahlenwerte:

Tabelle 3

Vorfruchteignung der Fruchtarten

Etzdorf 1954—1958

Vorfrüchte	Nachfrüchte						Mittlere Vorfrucht-eignung
	Erbsen	Ackerbohnen	Phaseolus	Soja	Rotklee	Luzerne	
Erbsen	88	100	100	110	100	100	100,1
Ackerbohnen	105	102	107	112	102	104	105,8
Phaseolus	102	108	90	111	104	103	103,4
Sojabohnen	98	99	93	114	96	96	99,7
Brache	101	108	100	104	106	103	104,1
Rotklee	96	93	92	81	81	93	91,4
Luzerne	95	89	105	84	92	90	92,8
Gerste	105	104	103	99	101	101	102,6
Mößlitz 1954—1957							
Erbsen	94	95	85	101	103	100	96,6
Ackerbohnen	103	105	107	94	103	105	103,1
Phaseolus	101	115	103	96	100	102	103,1
Sojabohnen	100	97	94	103	97	97	98,2
Brache	103	92	100	104	100	102	100,4
Rotklee	99	91	101	96	90	93	95,2
Luzerne	90	105	108	98	96	92	98,4
Hafer	104	105	105	111	103	101	105,1

Die rechtsstehenden Durchschnittswerte wurden für Etzdorf und Mößlitz getrennt und außerdem gemittelt in der folgenden Abbildung 3 eingetragen.

Die als generelle Vorfruchteignung bezeichnete Mittelung der einzelnen Vorfruchtwerte zeigt eine gute Übereinstimmung zwischen Etzdorf und Mößlitz.

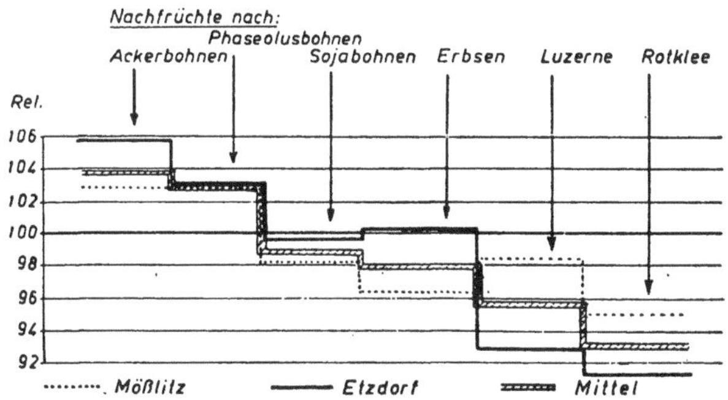

Abb. 3. Generelle Vorfruchteignung der Fruchtarten bei abwechselndem Anbau auf guten Böden (Etzdorf, Mößlitz)

Nach dieser schematischen Darstellung (Abb. 3) sind Acker und Phaseolusbohnen ausgesprochen gute Vorfrüchte für alle geprüften Nachfrüchte. Als generell schlecht müssen dagegen Rotklee und Luzerne unter den vorliegenden Standortverhältnissen bezeichnet werden.

Eine ähnliche Tabelle zeigt die Ergebnisse der Leguminosenversuche auf dem leichten Boden in Noitzsch.

Tabelle 4

Generelle Vorfruchteignung von Leguminosen bei abwechselndem Anbau auf leichtem Boden (Noitzsch)

Vorfrüchte	Nachfrüchte					Mittlere Vorfrucht-eignung
	Erbsen	*Lupinus angustifolius*	*Lupinus luteus*	Wicken	Serradella	
Erbsen	91	102	107	96	99	99,0
Lupinus angustifolius	98	92	97	89	96	94,4
Lupinus luteus	106	96	108	102	90	100,4
Wicken	98	99	106	98	105	101,2
Serradella	100	100	91	100	88	95,8
Hafer	98	103	99	113	110	104,6

Im Gegensatz zu den Einzelwerten, die erhebliche Unterschiede aufweisen, zeigen die Durchschnittszahlen nur relativ geringe Differenzen. Ungünstig als Vorfrucht wirkt bei allen Nachfrüchten vor allem die schmalblättrige Lupine. Weiterhin lassen die Werte erkennen, daß, entgegen der landläufigen Meinung, Serradella wenig selbstverträglich ist und auch im Vorfruchtwert für andere Leguminosen nicht besonders günstig abschneidet.

Nach der generellen folgt die spezielle Vorfruchteignung:

3. Spezielle Vorfruchteignung bei abwechselndem Anbau

Unter der speziellen Vorfruchteignung verstehen wir im Gegensatz zum Vorhergehenden den Wert jeder einzelnen Vorfrucht, also Erbsen, Ackerbohnen, Phaseolusbohnen, Sojabohnen, Rotklee und Luzerne, für jede der gleichen Leguminosenarten als Nachfrucht. Bei stationärem alternierendem Anbau stellen diese langjährigen Durchschnitte an und für sich keine reinen Vorfruchtwerte mehr dar, sondern sind von Verträglichkeitsbeziehungen beeinflußt. Trotzdem können sie hier als solche ausgewertet werden, da die Veränderung des Niveaus, wie es sich später zeigt (Tab. 8), bei alternierenden Kulturen gering ist, so daß die Bezugsbasis der Relativen kaum beeinflußt wird.

Die Zahlen von Etzdorf und Mößlitz dürfen teilweise ohne weiteres zusammengefaßt werden, da sie gut übereinstimmen; bestehen Unterschiede zwischen den beiden Standorten (Vorfruchtwert standortabhängig), so wurden die Werte bei der Zusammenstellung in Klammern gesetzt.

In der Tabelle 5 folgen die Durchschnittswerte von Etzdorf und Mößlitz.

Tabelle 5
Spezielle Vorfruchteignung, Durchschnitt Etzdorf/Mößlitz 1954—1958

Vorfrucht	Nachfrucht					
	Erbsen	Ackerbohnen	Phaseolus	Sojabohnen	Rotklee	Luzerne
dt/ha=100	8,18	23,87	20,42	4,46	53,04	47,54
Erbsen	90,9	97,5	(92,5)	(105,3)	100,1	(101,4)
Ackerbohnen	103,9	103,6	106,9	(103,1)	104,4	102,3
Phaseolus	101,4	111,5	(96,3)	(103,4)	102,6	(102,0)
Sojabohnen	98,9	97,9	93,7	(108,4)	96,5	96,5
Brache	102,0	(99,7)	100,1	104,2	102,4	(102,7)
Rotklee	97,7	92,0	(96,5)	88,7	93,2	85,8
Luzerne	92,1	(96,9)	106,4	90,9	91,2	93,8

Erbsen und Rotklee reagieren an beiden Standorten auf die einzelnen Vorfrüchte völlig gleich. Die Ackerbohnen zeigen noch eine verhältnismäßig gute Übereinstimmung, während Phaseolusbohne, Luzerne und vor allem die Sojabohne erhebliche Unterschiede der Vorfruchteignung an den verschiedenen Orten aufweisen. Acker- und Phaseolusbohnen müssen, abgesehen von dem günstigen generellen Vorfruchtwert, auch als gute Vorfrüchte für fast alle anderen geprüften Leguminosen bezeichnet werden, sie schneiden z. T. sogar noch günstiger als die Brache ab. Sojabohnen, Rotklee und Luzerne sind dagegen mit den meisten anderen Leguminosenarten ausgesprochen unverträglich.

Aus den Erträgen der Monokulturen und dem abwechselnden Anbau wird auf die Selbstverträglichkeit und die Verträglichkeit mit anderen Leguminosen geschlossen.

4. Verträglichkeitsverhältnisse

Von „Verträglichkeit" kann exakt nur bei Paaren und mehrjährigem Anbau gesprochen werden. Der Begriff wird auf „einseitige und gegenseitige Verträglichkeit" spezifiziert. In der Zusammenstellung (Tab. 6) werden nur die sicheren Beziehungen

Tabelle 6

Verträglichkeitsverhältnisse auf guten Böden, Durchschnitt Etzdorf/Mößlitz

	gegenseitige Begünstigung gut — gut	einseitige Begünstigung gut — normal	gegensätzliche Beeinflussung gut — schlecht	ohne Beeinflussung normal — normal	einseitige Schädigung normal — schlecht	gegenseitige Schädigung schlecht — schlecht
	verträglich ←				→	unverträglich
standortunabhängig	A — Ph (109) L — Ph (105)	—	E — A (101)	—	R — E (100) L — E (96) R — A (97)	R — S (95) L — S (94) R — L (94)
standortabhängig		S — A ←				→ S — A
			S — Ph ←			→ S — Ph
	L — A ←		→ L — A			
		S — E ←		→ S — E		
				E — Ph ←	→ E — Ph	
			R — Ph ←	→ R — Ph		

E = Erbsen
A = Ackerbohnen
Ph = Phaseolusbohnen
S = Sojabohnen
R = Rotklee
L = Luzerne

Erklärung: Die Beurteilung (normal, schlecht usw.) im Kopf der Tabelle gilt für die jeweils darunterstehenden Fruchtarten als Nachfrucht mit der danebenstehenden Art als Vorfrucht; also: Rubrik „einseitige Schädigung“, R nach E = normal, E nach R = schlecht, Durchschnitt beider Kombinationen = relativ 100.

in einer Tabelle zusammengefaßt. Wenn der gegenseitige Vorfruchtwert beim Anbau in Etzdorf und Mößlitz gut übereinstimmte, erfolgte die Eintragung in die obere Tabellenhälfte unter „standortunabhängig"; war dieser von Ort zu Ort verschieden, so wurden die Verträglichkeitsbeziehungen in der unteren Tabellenhälfte unter „standortabhängig" festgelegt.

Manche Fruchtartenpaare sind gegenseitig verträglich (Ackerbohnen — Phaseolusbohnen, Luzerne — Phaseolusbohnen), andere einseitig verträglich (Erbsen — Ackerbohnen, Luzerne — Ackerbohnen) bzw. unverträglich (Rotklee — Erbsen, Luzerne — Erbsen, Rotklee — Ackerbohnen). Die dritten sind gegenseitig unverträglich (Rotklee — Sojabohnen, Luzerne — Sojabohnen, Rotklee — Luzerne) und die letzten indifferent (Sojabohnen — Erbsen, Rotklee — Phaseolusbohnen). Die Länge der Pfeile in der unteren Tabellenhälfte stellt ein Maß für die Reaktionsbreite bei den Paaren dar, deren gegenseitige Beeinflussung vom Standort abhängig ist. Die Zahlen in Klammern geben den Durchschnitt der gegenseitigen Vorfruchtwerte beider Partner an.

Die nächste Tabelle erläutert die Verträglichkeitsverhältnisse bestimmter Leguminosen auf leichtem Sandboden:

Tabelle 7

Verträglichkeitsverhältnisse, Sandboden Noitzsch

gut gut	gut normal	gut schlecht	normal normal	normal schlecht	schlecht schlecht
Lu — E (107) Lu — W (104)	Se — W (103)	W — E (97)	La — E (100)	E — Se (100) La — Se (98) La — W (94)	Lu — Se (91) Lu — La (97)

E = Erbsen, La = *Lupinus angustifolius*, Lu = *Lupinus luteus*, W = Wicken, Se = Serradella

Gelbe Lupine — Erbse und gelbe Lupine — Wicke sind gegenseitig gut, gelbe Lupine — Serradella und gelbe Lupine — schmalblättrige Lupine schlecht verträglich. Alle übrigen Fruchtartenpaare liegen zwischen diesen beiden Extremen.

5. Ertragsveränderungen

Ebenso wie bei den Monokulturen wird auch bei den Fruchtartenpaaren auf Ertragsveränderung gruppiert. Nur dadurch kann entschieden werden, ob eine Kombination nur ein generell niedriges Niveau hat, oder ob sie sich von Jahr zu Jahr verschlechtert. Erst in letztem Fall besteht, landwirtschaftlich gesehen, Anlaß zur Besorgnis. In der Tabelle 8 wurden die Durchschnitte der ersten drei Jahre (1954 bis 1956) = 100 gesetzt und die Relativerträge der zweiten Anbauperiode (1956 bis 1958) darauf bezogen.

Die Monokultur bringt mit Ausnahme der Sojabohne, wie schon erwähnt, überall z. T. starke Mindererträge. Im Vergleich dazu zeigt der alternierende Anbau geringere Ertragsdrückungen, die sich nur in den Folgen Soja — Erbsen, Rotklee — Ackerbohnen, Rotklee — Soja stärker auswirken. Mit Ausnahme der Soja zeigt die Wechselkultur mit Brache überall zumindest relative Ertragssteigerungen.

Tabelle 8
Ertragsänderungen der zweiten Anbauperiode bei abwechselndem Anbau

Vorfrucht	Nachfrucht					
	Erbsen	Ackerbohnen	Phaseolus	Soja	Rotklee	Luzerne
Erbsen	**67**	100	95	106	98	99
Ackerbohnen	100	**94**	95	94	100	99
Phaseolus	94	94	**76**	100	98	95
Soja	90	102	98	**111**	102	99
Brache	102	103	106	94	103	105
Rotklee	104	90	95	89	**98**	109
Luzerne	(114)	100	102	98	102	**99**

Ein vom ersten Nachbau an generell niedriges relatives Ertragsniveau (Rotklee, Luzerne) scheint meist nicht auch noch mit einem weiteren starken Ertragsabfall verbunden zu sein, wodurch völlige Fehlschläge vermieden werden. Weiterhin werden im Boden durch Zwischenschalten einer beliebigen anderen Fruchtart Schäden weitgehend ausgeglichen.

6. Diskussion der Leguminosen-Verträglichkeitsversuche

Gerade die Leguminosen werden immer wieder als die typischen Beispiele für Unverträglichkeitserscheinungen im Pflanzenreich angeführt. Zunächst konnten unsere Untersuchungen nachweisen, daß stärkere Hemmwirkungen nur in einigen Fällen beim Selbstnachbau, beim Aufeinanderfolgen verschiedener Leguminosen aber kaum bestehen.

Selbst bei der gegenüber dem üblichen Feldanbau übersteigerten Häufung in Monokultur waren direkte Unverträglichkeitserscheinungen nicht festzustellen. Viele Pflanzen zeigen wohl nach sich selbst oder beim Anbau in bestimmten Kombinationen ein schlechteres Gedeihen, nur bei Erbsen und Phaseolusbohnen aber kommt dies in einem fortlaufenden starken Ertragsabfall zum Ausdruck. Es besteht also die dringende Notwendigkeit, die bestehenden Versuche weiter fortzuführen, um die pflanzenbaulichen Grundsatzfragen zu klären und ihre Ursachen zu erforschen.

Die vielen hypothetischen Annahmen der entwicklungshemmenden Wirkungen von Toxinen, der Antibiotika, von pektinvergärenden Bakterien und Wirkstoffsubstanzen konnten als direkte Ursachen bei den wichtigsten landwirtschaftlichen Kulturpflanzen im Nacheinanderbau kaum nachgewiesen werden. Im Gemengebau werden sicher Koline (Stoffwechselprodukte mit hemmender Wirkung auf höhere Pflanzen) von Einfluß sein. Besonders typisch treten diese beim Nebeneinanderbau von Heil- und Gewürzpflanzen (*Sinapis alba* neben *Symphytum peregrinum*, *Atropa belladonna* neben *Sinapis alba*) auf. Es sei auf die umfangreiche Literatur von MADAUS, WINTER und Mitarbeitern hingewiesen. Cumarin und Parakorbinsäure sind als keimungshemmende Stoffe (Blastokoline) bekannt geworden. Steinklee (*Melilotus albus*), der große Mengen von Cumarin enthält, ist z. B. mit Erbsen unverträglich. Ein Nachweis über die hemmende Wirkung des Cumarins konnte jedoch noch nicht erbracht werden. Über Ausscheidung und Wirkung von Alkaloiden auf andere

Pflanzen ist stark gearbeitet worden. Daß Alkaloide aus den Blättern der Pflanzen ausgeschieden werden, konnte von MOTHES bewiesen werden, doch waren die abgegebenen Mengen bei den Solanaceen, die er untersuchte, sehr schwankend; in manchen Untersuchungsreihen fehlten Ausscheidungen ganz.

Für die wichtigsten landwirtschaftlichen Kulturpflanzen sind wohl einige Erscheinungen durch Erschöpfung des Vorrates an Spurenelementen zu erklären. In vielen Fällen wird einfach Nährstoffmangel die Ursache schlechter Pflanzenbestände sein. Völlige Ertragsausfälle sind jedoch selbst bei Monokulturen bisher nur durch starke Verunkrautung und Schädlingsanhäufung nachgewiesen. Bei Leguminosen schließt die Verunkrautung schon nach kurzjährigem Anbau die Fortführung der Monokultur aus. Schädlingsanhäufung dürfte gerade bei Leguminosen die wesentlichste Ursache des Versagens beim längeren Nacheinanderbau sein. Ebenso wird das durch EGOROV (3), Timirjasew-Akademie Moskau, mitgeteilte Versagen der Monokultur Lein wahrscheinlich auf Krankheitsbefall zurückzuführen sein.

B. Getreideverträglichkeit

1. Langjährige statistische Unterlagen

An Hand von Unterlagen aus 20 Versuchsjahren wurden von KÖNNECKE (6) Möglichkeiten des Nachbaues von Getreide nach Getreide veröffentlicht, die im folgenden mit einigen Zusätzen (Mais) und kleinen Umstellungen angegeben werden:

Tabelle 9
Möglichkeiten des Nachbaues von Getreide nach Getreide

Günstig:	Winterweizen Hafer	Hafer Winterweizen	Winterweizen Winterroggen	Winterroggen Winterroggen
	Hafer Silomais	Winterroggen Wintergerste	Winterroggen* Hafer	Wintergerste* Hafer
Weniger günstig:	Winterroggen Winterweizen	Winterweizen Wintergerste	Winterweizen Sommergerste	Winterroggen Winterroggen Winterroggen
	Getreide Silomais	Hafer Wintergerste		
Noch möglich:	Winterweizen Sommerweizen	Sommerweizen Winterweizen	Winterweizen Winterweizen	Silomais Silomais
	Sommergerste Winterweizen	Sommergerste Sommergerste	Hafer Sommergerste	Sommergerste Hafer
Unterbleiben muß:	Hafer Hafer	Hafer Sommerweizen	Sommerweizen Hafer	Sommergerste Wintergerste
	Wintergerste Winterweizen	Wintergerste Wintergerste	Wintergerste Sommergerste	

* anschließend Zwischenfrucht

Grundsätzlich sind nur die über dem Trennungsstrich angegebenen Folgen im Bestellungsplan vorzusehen. Die günstigen Getreidefolgen sollten viel stärker als bisher in die Fruchtfolgen eingebaut werden. Wenn z. B. mehr Winterweizen nach Hafer an Stelle von Winterweizen nach Zuckerrüben unter Zugrundelegung einer höheren Stickstoffgabe angebaut würde, wäre die Ertragshöhe zu verbessern. Mit abnehmender Gunst des Standortes dürfen beim Nacheinanderbau von Getreide nur die als „günstig" bezeichneten Folgen gewählt werden. Bei Zusammenlegungen in Großflächen, wie sie heute zum Aufbau sozialistischer Betriebe notwendig werden, können außerdem die Folgen „noch möglich" Verwendung finden.

2. Spezielle Verträglichkeitsversuche

In einer speziellen Arbeit hat mein Mitarbeiter G. FRANKE die Verträglichkeit der Getreidearten experimentell in Gefäß- und Feldversuchen untersucht, von denen hier einige Ergebnisse angegeben werden. In den ersten drei Jahren (1955—1957) erfolgte der Anbau ohne jegliche Stickstoffdüngung, um den Einfluß dieser ertragsteigernden Maßnahme auszuschalten. Ab 1958 wurde in „ohne N" und „40 kg/ha N" unterteilt. Die Spalte „relativ" bezieht sich in den folgenden Tabellen nur auf die Parzellen ohne N.

Tabelle 10

Wintergerstenerträge (dt/ha) in Monokultur und im Wechsel mit anderen Getreidearten Mößlitz 1956—1958

Wintergerste nach	1956	1957 ohne N	1958	1958 40 N	Diff. zu ohne N	Mittel	relativ ohne N
Winterroggen	41,63	24,26	26,21	40,70	14,5	30,70	107,8
Sommergerste	37,88	26,04	23,51	41,11	17,6	29,14	102,3
Winterweizen	39,34	24,02	23,68	40,87	17,2	29,01	101,8
Wintergerste	**37,09**	**23,32**	**25,05**	**37,58**	**12,5**	**28,49**	**100**
Hafer	35,36	22,19	26,86	38,79	11,9	28,14	98,8
Sommerweizen	34,71	22,49	25,47	37,83	12,4	27,56	96,7

Bei Wintergerste ist keine ausgesprochene Unverträglichkeit mit sich selbst festzustellen. Als gute Getreidevorfrucht hebt sich der Roggen hervor. Zwischen den übrigen Getreidearten sind in ihrem Vorfruchtwert für Wintergerste nur geringe Unterschiede vorhanden.

Der gute Vorfruchtwert von Roggen kommt auch beim Winterweizen zum Ausdruck:

Tabelle 11

Winterweizenerträge (dt/ha) in Monokultur und im Wechsel mit anderen Getreidearten Mößlitz 1956—1958

Winterweizen nach	1956	1957 ohne N	1958	1958 40 N	Diff. zu ohne N	Mittel	relativ ohne N
Winterroggen	31,77	17,41	23,54	27,73	4,2	24,24	109,5
Wintergerste	29,75	18,35	22,22	27,60	5,4	23,43	105,8
Hafer	27,68	18,14	23,48	27,36	3,9	23,10	104,3
Sommergerste	29,18	17,67	20,02	27,97	8,0	22,29	100,7
Winterweizen	**28,07**	**17,23**	**21,12**	**26,77**	**5,6**	**22,14**	**100**
Sommerweizen	25,89	18,07	22,31	27,83	5,5	22,09	99,8

Neben Roggen können Hafer und Wintergerste als Vorfrucht gewählt werden, während der Anbau nach Winterweizen, Sommerweizen und Sommergerste möglichst zu vermeiden ist.

Am wenigsten selbstverträglich ist der Hafer:

Tabelle 12
Hafererträge (dt/ha) in Monokultur und im Wechsel mit anderen Getreidearten
Mößlitz 1956–1958

Hafer nach	1956	1957	1958	1958 40 N	Diff. zu ohne N	Mittel	relativ
		ohne N				ohne N	
Winterroggen	26,93	12,24	22,93	27,21	4,3	20,70	129,8
Sommerweizen	29,41	11,61	20,08	24,06	4,0	20,37	127,7
Wintergerste	28,25	12,01	20,72	25,89	5,2	20,33	127,5
Winterweizen	29,34	11,33	19,31	25,54	6,2	19,99	125,3
Sommergerste	28,79	10,97	20,21	23,35	3,1	19,99	125,3
Hafer	**27,48**	**9,90**	**10,46**	**15,40**	**4,9**	**15,95**	**100**

Hafer liegt nach sich selbst in der Ertragshöhe über 25% niedriger als nach Roggen, Wintergerste, Winterweizen, Sommerweizen und Sommergerste.

Daß Hafer nach sich selbst schlecht gedeiht, zeigt auch der gleichzeitige Vergleich mit Leguminosen nach P. MÜLLER (8):

Tabelle 13
Hafererträge (dt/ha) in Monokultur
und in abwechselnder Anbaufolge mit verschiedenen Leguminosen
Mößlitz 1954–1957

Hafer nach	1954	1955	1956	1957	Ertragsmittel	relativ
Ackerbohnen	25,86	39,99	24,39	11,49	25,43	162,9
Rotklee	25,11	39,65	23,07	12,61	25,11	160,9
Luzerne	19,93	40,92	20,58	13,90	23,83	152,7
Erbsen	20,87	38,96	22,59	12,67	23,77	152,3
Phaseolusbohnen	24,58	37,91	15,59	11,64	22,43	143,7
Brache	17,60	39,32	8,44	13,30	19,66	125,9
Sojabohnen	15,40	36,56	14,89	9,85	19,18	122,9
Hafer	**8,71**	**34,57**	**9,26**	**9,90**	**15,61**	**100**

Ackerbohnen und Rotklee schneiden am besten ab. Nach Sojabohnen, die, da sie nicht geimpft wurden, keine Knöllchenbakterien aufwiesen, und Brache sind die Erträge mäßig, wogegen sonst nach Leguminosen durchweg höhere Erträge erzielt wurden. Es ist danach anzunehmen, daß die gute Vorfruchtwirkung der Leguminosen zum größten Teil auf der Bereitstellung von biologischem Stickstoff beruht. Bei der Hafermonokultur war außerdem der höchste Besatz an lebenden Zysten von *Heterodera major* festzustellen.

Entgegen der bisher von uns vertretenen Ansicht scheint Sommergerste verhältnismäßig gut selbstverträglich zu sein. Die anderen Sommergetreidearten zeigen im Vorfruchtwert keine Unterschiede.

Tabelle 14
Verträglichkeit von Sommergerste und Mais
Mößlitz und Etzdorf, Durchschnitt 1957 und 1958

Sommergerste nach	dt/ha	relativ
Mais	31,89	100,9
Sommergerste	**31,60**	**100**
Sommerweizen	31,32	99,1
Hafer	30,64	97,0
Mais nach	**dt/ha**	**relativ**
Hafer	40,60	104,6
Sommergerste	39,40	101,5
Sommerweizen	38,89	100,2
Mais	**38,82**	**100**

Die Hafervorfrucht ist für Mais günstig, was in speziellen Vorfruchtversuchen von uns noch besser belegt werden konnte.

Von den speziellen Untersuchungen meines Mitarbeiters G. FRANKE wurden zunächst nur die Ertragsfeststellungen informatorisch wiedergegeben. Eine umfassende Darstellung des Problems „Getreideverträglichkeit" an Hand von Gefäß- und Feldversuchen wird in einer späteren Arbeit veröffentlicht. Bei der Prüfung der Selbstverträglichkeit ergab sich zunächst, daß Hafer mit sich selbst ausgesprochen unverträglich ist. Demgegenüber zeigt der Roggen absolute Selbstverträglichkeit (s. Ewiger Roggenbau S. 4). Unter den Leguminosen fanden wir bisher weder eine so selbstverträgliche Art wie den Roggen noch eine so unverträgliche wie den Hafer. Es ist anzunehmen, daß die Unverträglichkeit des Hafers in erster Linie auf Schädlingsanhäufung zurückzuführen ist. Wenn andere Ursachen in Frage kämen, dürfte ein gehäufter Haferanbau nach Wiesenumbruch, auf „jungfräulichem" Land oder nach jahrzehntelanger Ausschaltung von Hafer im Rein- oder Gemengeanbau nicht möglich sein. Die praktische Erfahrung lehrt jedoch, daß mehrmaliger direkter Nachbau von Hafer oder ein gehäufter Anbau in diesen Fällen durchaus ausreichende Erträge erwarten läßt. In Ackerfruchtfolgen mit regelmäßigem Haferanbau tritt jedoch bei jeder engen Folge mit Hafer eine erhebliche Zunahme des Hafernematoden (*Heterodera major*) und der freilebenden parasitischen Älchen auf. Die Veröffentlichung dieser Ergebnisse wird von phytopathologischer Seite vorgenommen.

Die Selbstverträglichkeit des Roggens kann zum großen Teil auf eine gewisse Schädlingsresistenz zurückzuführen sein, obwohl auch am Roggen bei häufigem Wiederanbau Fußkrankheitserreger und Stockälchen gefährlich werden können.

Als erstaunlich muß in den vorstehenden Versuchen die gute Selbstverträglichkeit von Wintergerste und Sommergerste bezeichnet werden. Diese Feststellung stimmt als einzige nicht mit den langjährigen Auswertungen des Vorfruchtwertes an Hand von Sortenversuchen durch KÖNNECKE (5) überein. Die Zahl dieser in der Praxis ungewöhnlichen Folgen war damals zu gering, um einwandfreie Schlüsse ziehen zu können. Die Unverträglichkeit des Weizens mit sich selbst kam in den vorstehenden Untersuchungen zum Ausdruck. Auch hier dürften Fußkrankheiten ein ausschlaggebender Faktor sein.

Bei der Verträglichkeit der verschiedenen Getreidearten untereinander konnten unsere bisherigen Ergebnisse in jeder Beziehung bestätigt werden. Hafer und Roggen stellen für andere Getreidearten ausgezeichnete Vorfrüchte dar; bei ausreichender Stickstoffversorgung schneiden sie in ihrem Vorfruchtwert wesentlich besser als viele Blattfrüchte ab. Winterweizen fördert die Hafererträge. Die Gersten sind im allgemeinen schlechte Getreidevorfrüchte.

Der Silomais ist für Hafervorfrucht besonders dankbar; ein einmaliger Getreidenachbau nach Silomais kann ohne weiteres durchgeführt werden, die zweite Getreidenachfrucht leidet dagegen aus bisher noch nicht geklärten Gründen außerordentlich stark, wie andere von uns durchgeführte Versuche belegen.

Der Anbau von Hafer nach Sommergerste und umgekehrt ist durchaus möglich; trotzdem sollte man in der Praxis auf den Wechsel von Winterung und Sommerung achten.

Die heute gerade in den alten Ackerbaugebieten der Welt starke Ausweitung des Getreideanbaues, welche in erster Linie auf die dabei geringe arbeitswirtschaftliche Belastung und die ideale Vollerntemaschine „Mähdrescher" zurückzuführen ist, hebt die Notwendigkeit der Verträglichkeitsversuche zu Getreide besonders hervor. Auch das unterschiedliche Nachlassen der Erträge auf guten und geringen Böden kann erst eine sehr lange Versuchsdurchführung klären. In den meisten Fällen waren in unseren Versuchen, die jedoch nicht so langjährig durchgeführt wurden wie der ständige Winterweizen- und Sommergerstenanbau der englischen Stationen, auf den guten Böden bessere Vorfruchtunterschiede festzustellen als auf dem leichten Sandboden in Noitzsch, bei dem die Ertragshöhe in erster Linie von der Wasserversorgung abhängig war. Als Anhänger der Toxintheorie könnte man auch eine Auswaschung der schädlichen Wurzelausscheidungen annehmen, da die geringsten Vorfruchtunterschiede in feuchten Jahren auftreten. Doch der Beweis dafür steht noch aus.

Bei allen Fragen der Verträglichkeit der Kulturpflanzen im Nacheinanderbau schaltet sich der Boden als Puffer mit ein. Deshalb ist der Vergleich nicht zutreffend, die Fruchtfolge als jahreszeitlich auseinandergezogene Mischkultur aufzufassen. Nach Ansicht von Pflanzensoziologen gehen beide Maßnahmen, Mischkultur und Fruchtfolgeplan, von der gleichen soziologisch zu vertretenden Vorstellung aus, daß sich gewisse Pflanzen, sei es unmittelbar oder im Nachbau, mutualistisch bzw. antagonistisch verhalten bzw. gegenüberstehen. Der Vorfruchtwert einer Kulturpflanze ist aber im Hauptfrucht- wie im Zwischenfruchtbau vornehmlich vom Boden und von den Ernterückständen abhängig. Deshalb sind Arbeiten über Ernterückstände und Stallmistversorgung (KÖHNLEIN-VETTER u. a.) von so wesentlicher Bedeutung für die Fruchtfolgeforschung. Die Grundlagenforschung über die Verträglichkeit der landwirtschaftlich wichtigen Kulturpflanzen kann nur durch die Zusammenarbeit mehrerer Institute mit sich ergänzenden Forschungsrichtungen zum Erfolg führen. In der Arbeitsgemeinschaft Fruchtfolgen der Sektion Pflanzenbau, Pflanzenzüchtung und Pflanzenschutz der Deutschen Akademie der Landwirtschaftswissenschaften zu Berlin wurde hierzu bereits der Grundstein gelegt.

Zusammenfassung

Ausgehend von dem sehr umfassenden und schwer definierbaren Begriff Bodenmüdigkeit wird auf die bisher bekannten Unverträglichkeitsbeziehungen bei Obstgehölzen und anderen Monokulturen (Weizen-, Mais- und Baumwollgürtel in den USA) hingewiesen. Aus der Vielzahl der in der Welt durchgeführten Feldversuche mit Monokulturen werden die wichtigsten Erfahrungen angegeben (Ewiger Roggenbau in Halle, ständiger Weizen- und Sommergerstenanbau der englischen Versuchsstationen in Rothamsted und Woburn, Monokulturen mit Winterroggen, Hafer, Kartoffeln, Klee und Lein der Timirjasew-Akademie Moskau).

Die Einstufung der gebräuchlichsten ackerbaulich genutzten Leguminosen hinsichtlich ihrer Selbstverträglichkeit bringt neue Erkenntnisse. Rotklee und Luzerne lassen schon nach ein- bzw. zweijährigem Nachbau stark im Ertrag nach. Bei weiterem Selbstnachbau findet aber kaum noch ein weiteres Absinken statt, sofern keine Schädlingsanhäufung auftritt. Erbsen und Phaseolusbohnen vertragen mehrmaligen Nachbau, sinken aber bei längerem Anbau stark ab. Nur die Acker- und Sojabohnen müssen als weitgehend selbstverträglich bezeichnet werden. Auch Serradella, Lupinen und Wicken bringen bei mehrmaligem Selbstnachbau auf leichtem Boden Ertragsabfall.

Die experimentell nachgewiesenen Verträglichkeitsbeziehungen zwischen den einzelnen Leguminosenarten sind unterschiedlich. Die Paare Ackerbohnen — Phaseolusbohnen, Luzerne — Phaseolusbohnen, gelbe Lupinen — Erbsen, gelbe Lupinen — Wicken und Serradella — Wicken sind gegenseitig, Erbsen — Ackerbohnen, Luzerne — Ackerbohnen und Wicken — Erbsen einseitig verträglich.

Als indifferent müssen Sojabohnen — Erbsen, Rotklee — Phaseolusbohnen und *Lupinus angustifolius* — Erbsen bezeichnet werden. Einseitige Unverträglichkeit zeigen Rotklee — Erbsen, Luzerne — Erbsen, Rotklee — Ackerbohnen, Erbsen — Serradella, *Lupinus angustifolius* — Serradella und *Lupinus angustifolius* — Wicken. Gegenseitig unverträglich sind Rotklee — Sojabohnen, Luzerne — Sojabohnen, Rotklee — Luzerne, *Lupinus luteus* — Serradella und *Lupinus luteus* — *Lupinus angustifolius*. Im allgemeinen hängen die absoluten Erträge der Leguminosen in viel stärkerem Maße von der Witterung als von der Vorfrucht ab. Starke Verunkrautung und Schädlingsanhäufung sind bisher die einzigen feststehenden Ursachen der Ertragsminderungen beim gehäuften Leguminosenanbau.

Im Gegensatz zu den wenig reagierenden Leguminosen weist die Selbstverträglichkeit beim Getreide mit dem Vergleich des unverträglichen Hafers und des selbstverträglichen Roggens wesentlich stärkere Unterschiede auf. Mit den anderen Getreidearten sind Roggen und Hafer gut verträglich, während dies für Weizen und Gerste nicht zutrifft. Silomais scheint für Hafervorfrucht besonders dankbar zu sein. Einmaliger Getreidenachbau nach Silomais ist ohne weiteres möglich. Das Nachlassen der Erträge beim Getreide beruht in erster Linie auf Schädlingshäufung (Nematoden, Fußkrankheiten u. dgl.). Auch hier sind bisher keine anderen Ursachen sicher nachgewiesen. Das gilt für alle weiteren in der Literatur angeführten Gründe (Toxine, Koline, Antibiotika, pektinvergärende Bakterien, Wirkstoffsubstanzen, Hauptnährstoffe, Spurenelemente). Der Nacheinanderbau mit landwirtschaftlich wichtigen einjährigen Kulturpflanzen ist grundsätzlich von dem Anbau im Gemenge zu trennen, bei dem verschiedene Pflanzenarten direkt aufeinander wirken können. Der Boden wird beim Nacheinanderbau stärker eingeschaltet und schwächt hemmende und fördernde Einflüsse zwischen den Pflanzenarten ab.

Die Erforschung der Ursachen der Verträglichkeitsbeziehungen zwischen den Pflanzen verlangt die Zusammenarbeit von Instituten mit sich ergänzenden Forschungsrichtungen.

Резюме

Исходя с очень обширного и трудно определяемого понятия, „почвоутомления“ указывается на известные до сих пор отношения неуживчивости у плодовых деревьев и других монокультур (пшеничные кукурузные и хлопковые поясы в США). Сообщаются наиболее важные сведения о многочисленных полевых опытах с монокультурами, проведенных, в разных странах („Вечное“ возделывание ржи в Галле, постоянное возделывание пшеницы и ярового ячменя на английских опытных станциях в Ротэмстеде и Вобурне, монокультуры озимой ржи, овса, картофеля, клевера и льна Тимирязевской Академии в Москве).

Подразделение наиболее важных, возделываемых бобовых по самоуживчивости дает новые сведения. При повторной культуре красного клевера и люцерны, урожайность сильно снижается уже в первый или второй год повторения. Но последующие повторения едва ли обусловливают дальнейшее снижение урожайности, если нет массового появления вредителей. Горох и фасоль несколько лет подряд выносливы к посеву на одном и том же поле, но при бессменном, продолжающемся возделывании сильно снижаются в урожайности. Лишь конский боб и сою можно считать весьма самоуживчивыми растениями. Многократное возделывание подряд на легких почвах сераделлы, люпина и вики также вызывает падение урожаев.

Доказанная экспериментально уживчивость отдельных видов бобовых — различна. Пары: конский боб — фасоль, люцерна — фасоль, желтый люпин-горох, желтый люпин — вика, сераделла — вика являются взаимно уживчивыми, в то время как горох — конский боб, люцерна — конский боб и вика — горох односторонне уживчивы.

Индифферентными следует считать конский боб — горох, красный клевер — фасоль, синий узколистый люпин — горох. Одностороннюю неуживчивость проявляли красный клевер — горох, люцерна — горох, красный клевер — конский боб, горох — сераделла, синий узколистый люпин — сераделла, синий узколистый люпин — вика. Взаимно неуживчивыми являются красный клевер — соя, люцерна — соя, красный клевер — люцерна, желтый люпин — сераделла, желтый люпин — синий узколистый люпин. В общем абсолютный урожай бобовых в гораздо большей степени зависит от погоды, чем от предшественника. Сильная засоренность и скопление вредителей пока являются единственными установленными причинами падения урожаев при частом возделывании бобовых.

В противоположность мало реагирующим бобовым самоуживчивость зерновых показывает более существенные различия, если иметь в виду сравнение неуживчивого с самим собой овса с самоуживчивой рожью. Рожь и овес в противоположность пшенице и ячменю хорошо уживается с другими видами зерновых. Кукуруза на силос, очевидно, особенно хорошо отзывается на овес, как предшественника. Однократное повторное возделывание зерновых после кукурузы на силос не вызывает опасений. Снижение урожайности зерновых в первую очередь обусловливается массовым появлением вредителей (нематодов, черной ножки, корнееда и т. д.). И здесь до сих пор с достоверностью других причин не отмечено. Это относится ко всем другим, указанным в литературе причинам (токсинам, колинам, антибиотикам, сбраживающим пектин бактериям, веществам действующих начал, основным питательным веществам, микроэлементам). Возделывание важных для сельского хозяйства однолетних культур друг за другом принципиально следует различать от их возделывания в смеси с другими видами растений, при котором различные виды растений могут непосредственно воздействовать друг на друга. При возделывании культур друг за другом значение почвы возрастает, ослабляя тормозящие и стимулирующие взаимные влияния различных видов растений.

Изучение причин уживчивости растений требует сотрудничества институтов со взаимно дополняющими направлениями научного исследования.

Summary

Starting from the very comprehensive term "soil sickness", which is difficult to define, the hitherto known relations of incompatibility in fruit trees and other monocultures (wheat, maize and cotton belts in the USA) are pointed out. Of the great number of field trials conducted with monocultures all over the world, the most important experiences are stated (continuous rye growing at Halle, permanent wheat and spring barley growing of the English experimental stations at Rothamsted and Woburn, monocultures of winter rye, oats, potatoes, clover and flax of the Timirjasew-Academy Moscow).

The classification of the most common, agriculturally utilized legumes according to their self-compatibility furnishes new findings. The yields of red clover and lucerne are already heavily decreased when grown for one or two years. In the case of a longer successive growing hardly any further decrease was observed as far as there was no accumulation of pests. Peas and Phaseolus may be grown for several years but when grown for too long a time their yields decrease greatly. Only *Vicia faba* and *Glycine max* must be considered as extensively self-compatible. On light soil serradella, lupine, and vetch decrease likewise when grown for several years.

The experimentally demonstrated relations of compatibility between the individual kinds of legume are different. The pairs field bean/Phaseolus, lucerne/Phaseolus, yellow lupine/pea, yellow lupine/vetch and serradella/vetch are mutually, pea/broad bean, lucerne/broad bean and vetch/pea onesidedly compatible.

Soya bean/pea, red clover/Phaseolus and *Lupinus angustifolius*/pea must be regarded as indifferent. Red clover/pea, lucerne/pea, red clover/broad bean, pea/serradella, *Lupinus angustifolius*/serradella and *Lupinus angustifolius*/vetch are onesidedly incompatible. Red clover/soya bean, lucerne/soya bean, red clover/lucerne, *Lupinus luteus*/serradella and *Lupinus luteus*/*Lupinus angustifolius* are mutually incompatible. The absolute yields of leguminous plants are usually more dependent on the weather than on the preceding crop. Weediness and pest accumulation are so far the only proved causes of the decline in yield following several years growing of legumes.

Contrary to the slightly reactive legumes the self-compatibility of grain, with incompatible oat and self-compatible rye, shows considerably greater differences. Rye and oat are capable of getting along well together with other kinds of grain but this does not apply to wheat and barley. Silo maize appears to be particularly profitable when oat has been grown as preceding crop. Grain may easily be grown once after silo maize. The decrease of grain yields is primarily due to accumulation of pests and diseases (eelworms, foot rot etc.). No other causes could be proved yet. The same is true of all causes referred to in the literature (toxin, colin, antibiotics, pectin-fermenting bacteria, agents, chief nutritive substances, trace elements). The successive growing of agriculturally important annual plants should always be separated from growing in mixtures where different kinds of plant have a direct influence on each other. In the case of successive growing the soil plays a greater part. It weakens inhibiting and beneficial influences between the kinds of plant.

The investigation into the causes of the relations of compatibility between the plants requires the co-operation of institutes the scientific aims of which are complementary to each other.

Literaturverzeichnis

1. BERKNER, F.: Zur Frage der Verträglichkeit einiger Leguminosen untereinander und mit sich selbst. Pflanzenbau 1936, **13**, 120—128
2. BOGUSLAWSKI, C. v.: Das Problem der Fruchtfolge im Ackerbau. Sonderdruck aus: Nachr. Gießener Hochschulges. **21**
3. EGOROV, B. E.: Bericht über Feldversuche. Ergebnisse über Monokulturen mit Winterroggen, Hafer, Kartoffeln, Klee und Lein. Schriftliche Mitteilung 1958
4. JAKUSCHKIN: Bericht über Feldversuche. Schriftliche Mitteilung 1958
5. KÖNNECKE, G.: Ertragssteigerung und Erhaltung der Bodenfruchtbarkeit durch Umstellung von Fruchtfolgen. Kühn-Arch. 1951, **64**, 107—224
6. KÖNNECKE, G.: Die Bedeutung der Vorfruchtwerte bei der Aufstellung von Fruchtfolgen. Z. Acker- u. Pflanzenbau 1956, **101**, 171—182
7. KÖNNECKE, G.: Ergebnisse der statischen Feldversuche in Halle (Saale). Kühn-Arch. 1958, **72**, 60—75
8. MÜLLER, P.: Über die Verträglichkeit ackerbaulich genutzter Leguminosen. Unveröffentlichtes Manuskript
9. Landwirtschaftliche Versuchsstation Rothamsted: The Rothamsted Annual Report
10. Landwirtschaftliche Versuchsstation Rothamsted: The Guide to the Experimental Farms

Aus der Bodenabteilung des Landesinstitutes für Landwirtschaftliche Qualitätsprüfung Debrecen, Ungarn

A. ARANY

Die Klassifizierung der ungarischen Alkali-(„Szik"-)Böden[1]

Eingegangen: 3. 3. 1959

Die bekanntlich sehr ungünstigen physikalischen, chemischen und biologischen Eigenschaften der „Szik"-Böden — ihre internationale Bezeichnung lautet „Alkaliböden" — sind auf die in solchen Böden vorherrschenden Natriumionen zurückzuführen, und zwar weniger auf Salze, als vielmehr auf jene Na-Ionen, die adsorptiv, also austauschfähig, an den Kolloidkomplex gebunden sind; dieser ist großenteils identisch mit der die Bodenkrümel verkittenden Substanz. Die Ursache für die pflanzenbaulich nachteiligen Eigenschaften der Alkaliböden liegt im Verhalten dieser Kittsubstanz gegenüber Wasser. Die Krümel solcher Böden sind nicht wasserbeständig; wenig Wasser bewirkt ein Aufquellen, durch viel Wasser werden sie verflüssigt, zersetzt. Die Krümelstruktur zerfällt, die Poren werden verstopft und nehmen daher kein Wasser mehr auf. Diese ungünstigen Eigenschaften vermehren sich in dem Maße, wie die relative Menge der durch den organo-mineralischen Kolloidkomplex adsorbierten Na-Ionen zunimmt. Eine solche Zunahme findet statt, wenn die hydrologischen und klimatischen Verhältnisse der Auflösung und zeitweiligen Wanderung der Salze förderlich sind und wenn der Boden selbst — also die adsorbierende Substanz — Eigenschaften aufweist, welche die adsorptive Festlegung der Na-Ionen begünstigen.

Die Alkalisierung ist ein besonderer Bodenbildungsvorgang, der während früherer geologischer Epochen stattfand und sich auch in der Gegenwart abspielt, wenn die flüssige und feste Phase des Bodens — also sowohl die Bodenlösung als auch der organo-mineralische Adsorptionskomplex — die Anhäufung von Na-Ionen begünstigen. Die Alkalisierung kann daher auf beliebigen, schon entwickelten Bodentypen oder bodenartigen Gebilden als Folge der Verwitterung von Na-reichen Gesteinen oder Mineralien auftreten, sofern die Verwitterungsprodukte nicht durch natürliche Auslaugung entfernt werden, sondern adsorptive Bindungen an die ebenfalls durch Verwitterung entstandenen Substanzen von kolloidaler Beschaffenheit eingehen.

Die Entstehungsbedingungen für Alkaliböden sind genugsam bekannt. Unter den Verhältnissen in Ungarn — solche liegen auch in anderen, ähnlichen Fällen vor — kann kurz zusammengefaßt folgendes festgestellt werden:

Die Alkaliböden sind unter Mitwirkung von Wasser entstandene, sogenannte hydrogenetische Böden; ihre Bildung erfolgte — wie erstmals GLINKA und VON SIGMOND feststellten — durch die Einwirkung zeitweilig überreichlicher Feuchtigkeit. Es handelt sich im wesentlichen um das periodische Aufsteigen und Absinken des Na-salzhaltigen Grundwassers, um ein Überfließen der Böden mit Na-haltigem Oberflächenwasser und nachfolgende Austrocknung oder auch um horizontale Strömungen des Grundwassers, das Na-Salze gelöst hat. Die mehrfache Wiederholung dieser Vorgänge rief in den Böden tiefgreifende Veränderungen hervor.

[1] Ein Teil dieser Mitteilung wurde anläßlich der Bodenkundlichen Konferenz in Keszthely/Ungarn am 5. 8. 1958 und in Bukarest am 26. 9. 1958 vorgetragen.

Demnach ist die Alkalisierung bereits entwickelter Bodentypen oder bodenartiger Gebilde die Folge des Kationenaustausches zwischen der Bodenlösung und dem organo-mineralischen Kolloidkomplex. Die relative Menge der Na-Ionen im Komplex nimmt zu. Ausschlaggebend für diese Vorgänge ist neben der Natur der adsorbierenden Substanz die Art der Na-Salze und die Reaktion des Mediums. Ist diese völlig neutral, dann bedarf es eines Überschusses an Na-Ionen von etwa 90 Äquiv.-%, um nennenswerte Alkalisierung zu bewirken, weil der vollständige Umsatz durch die austauschfähigen Ca-Ionen verhindert wird. Im alkalischen Medium wirkt auch verdünnte Na-Salzlösung stark alkalisierend, da die ausgetauschten Ca-Ionen in diesem Falle als unlösliche Verbindungen ausgefällt werden und sich an den weiteren Vorgängen nicht beteiligen. Es ist selbstverständlich, daß bei Vorhandensein von neutralen und alkalischen Na-Salzen ein weitgehender Austausch stattfinden kann. Unter ungarischen Verhältnissen hat diese Form der Alkalisierung große Bedeutung.

Bei der Verwitterung von Na-reichen Gesteinen und Mineralien entstehen ebenfalls Alkaliböden, besonders dann, wenn die adsorbierende Substanz die freigewordenen Na-Ionen zu binden vermag. Die Auslaugung solcher Gebilde kann auch eine säulenartige Struktur des Bodens hervorrufen.

Unter den in Ungarn vorwaltenden Bedingungen spielte dieser Vorgang bei der Bildung der gegenwärtigen Alkaliböden eine bedeutende Rolle, wobei die Wiesen- oder Sumpfböden durch sehr feinkörnige, kalkarme, alluviale Sedimente bedeckt wurden.

Solche Böden weisen deutliche Gliederung eines A-, B- und C-Horizontes auf; infolge der Auslaugung entstehen oft Säulen. Nach unseren Untersuchungen sind derartige Böden vorwiegend entlang der Theiß und ihrer Nebenflüsse zu finden; die Deckschicht und der B-Horizont sind nicht erheblich alkalisiert.

Szikböden können auch dadurch zustande kommen, daß der bereits entwickelte Alkaliboden durch Wasser erodiert und auf Nichtalkaliböden abgelagert wird. In solchen Fällen ist normalerweise nur die Deckschicht alkalisiert, nicht aber die darunter liegende Schicht.

Unter ungarischen Verhältnissen können alle erwähnten Vorgänge stattfinden. Die der Alkalisierung anheim gefallene Grundsubstanz bestand in dem östlich von der Theiß liegenden Teil des Tieflandes größtenteils aus angeschwemmtem, kalkarmem Ton und Schluff. Es bedurfte also keiner stärkeren Auslaugung, um in der Deckschicht ungesättigte Sorptionskomplexe und Kalkmangel hervorzurufen.

Durch die Alkalisierung verändert sich die Kittsubstanz des Bodens; sie wird mit Na angereichert und vermag nunmehr der lösenden, zersetzenden Wirkung des Wassers keinen Widerstand zu leisten, die Krümel zerfallen. Ihre Porosität und Wasserdurchlässigkeit wird herabgesezt oder schwindet völlig. Böden mit 5—6% austauschfähigem Na haben noch nicht die Merkmale der Alkaliböden, die um so mehr in den Vordergrund treten, je größer die relative Menge des austauschfähigen Natriums wird. VON SIGMOND und HERKE wiesen in Ungarn als erste darauf hin, daß Böden mit mindestens 10—12 Äquiv.-% austauschfähigem Na bereits entschiedenen Alkalibodencharakter zeigen.

Die relative Menge des austauschfähigen Natriums stellt jedoch an und für sich noch kein sicheres Merkmal dieser Böden dar. Die Bodenstruktur ist gelegentlich auch bei Vorhandensein von nur 5—6% austauschfähigem Na so schlecht, daß ein erfolgreicher Pflanzenbau nicht immer möglich ist. In solchen Fällen spielen die stofflichen Eigenschaften des Adsorptionskomplexes oder sonstige Faktoren eine gewichtige Rolle.

Obgleich die wasserlöslichen Salze für die Alkalisierungsvorgänge von Belang sind, werden sie — wenn neutral — von manchen Nutzpflanzen auch bei beträchtlich hoher Konzentration in der Bodenlösung recht gut vertragen. Dem Studium der Salzverträglichkeit solcher Gewächse kommt eine überaus hohe Bedeutung zu.

Die Mg-Ionen spielen eine bestimmte Rolle bei der Alkalisierung der Böden, jedoch ist diese Rolle noch nicht vollauf bekannt. Wie weit sich das Mg auszuwirken vermag, ist weitgehend von dem Anion des Salzes und von der Reaktion des Mediums abhängig. In Gegenwart von Sulfationen ist es z. B. hoch wirksam, weil Ca nur in geringer Konzentration vorhanden sein kann. Sind viele Cl-Ionen zugegen, wird die Wirksamkeit des Mg zurückgedrängt, weil Ca in den Vordergrund tritt. Bei Vorhandensein von OH-Ionen wirkt Na stärker.

Obwohl unter dem Klima in Ungarn die Auslaugung eine Verarmung mancher Alkaliböden an Na-Ionen, also eine Verringerung des Alkalisierungsgrades, zu bewirken vermag, lassen sich die ungarischen Alkaliböden im allgemeinen nicht durch einfache Wasserbehandlung verbessern. Der Meliorationsvorgang würde unbestimmte, jedenfalls aber sehr lange Zeit in Anspruch nehmen, also dem praktischen Landbau wenig Nutzen bringen. Die Wasserbehandlung und die Bewässerung überhaupt erfordern im Tiefland ein hohes Maß von Umsicht, weil bei unzureichender Entwässerung — wie leider in vielen Fällen beobachtet wurde — das Grundwasser teils aufsteigt, teils sich horizontal ausbreitet. Dadurch wird das in Mitleidenschaft gezogene Gebiet sozusagen vor den Augen des Beobachters alkalisiert und für den Pflanzenbau völlig unbrauchbar gemacht. Dieser Vorgang wird gelegentlich als „sekundäre Alkalisierung" bezeichnet, doch ist dies nicht richtig, weil sekundäre Alkalisierung nur dort stattfinden kann, wo der Boden schon einmal alkalisiert war und danach entalkalisiert wurde. Mehr zutreffend wäre die Kennzeichnung des Vorganges als „künstliche Alkalisierung". Dieser überaus schädliche Vorgang bildet Gegenstand eingehender Studien. Die Lösung dieses Problems stellt eine wichtige Aufgabe im Interesse des gesicherten Pflanzenbaues in Bewässerungssystemen dar. Die dringendste Forderung ist die Schaffung eines allgemein zweckmäßigen Entwässerungssystems.

Das Na-Ionen führende Wasser vermag die Alkalisierung sowohl durch den Aufstieg von unten, durch Verdunstung an der Oberfläche, durch horizontale Bewegung als auch durch Bewegung von oben nach unten herbeizuführen. Von Belang ist der periodische Wechsel zwischen nassem und trockenem Zustand. Unter den ungarischen Verhältnissen spielen bei der Bildung von Alkaliböden zwei gegenteilige Faktoren eine bedeutende Rolle, die Auslaugung von oben nach unten und der in entgegengesetzter Richtung verlaufende kapillare Salzaufstieg. Die Anhäufung der wasserlöslichen Salze erfolgt jeweils dort, wo diese beiden Vorgänge aufeinanderstoßen. Je tiefer die Auslaugung geht, um so tiefer wandern auch die wasserlöslichen Salze abwärts, und um so mächtiger wird die salzfreie oder doch nur geringe Salzmengen enthaltende Schicht. — Unter günstigen Verhältnissen können die Salze völlig aus dem Bodenprofil entfernt werden. Je geringer die Auslaugung, um so besser erfolgt der kapillare Aufstieg der Salze, und um so näher zur Oberfläche befindet sich die Hauptmasse der schädlichen Salze. Zuweilen liegen die Salze auf der Oberfläche oder dicht darunter (das könnte auch ohne Salzaufstieg der Fall sein). Im allgemeinen sind die Salze entweder in wechselnden Tiefen unter der Oberfläche oder auf der Oberfläche bzw. einige cm darunter zu finden; es ergeben sich somit die beiden wohlbekannten Salzverteilungskurven (Abb. 1), zwischen denen ein bestimmter Zusammenhang besteht.

Wird entsprechend theoretischen Erwägungen die Salzanhäufungsschicht von der Oberfläche stufenweise und fortdauernd nach der Tiefe zu verlagert, überwiegt also die Auslaugung gegenüber dem Salzaufstieg, dann wird der Salzgehalt des Bodens verringert und der Boden seiner Basen beraubt. Demzufolge können Wasserstoff-

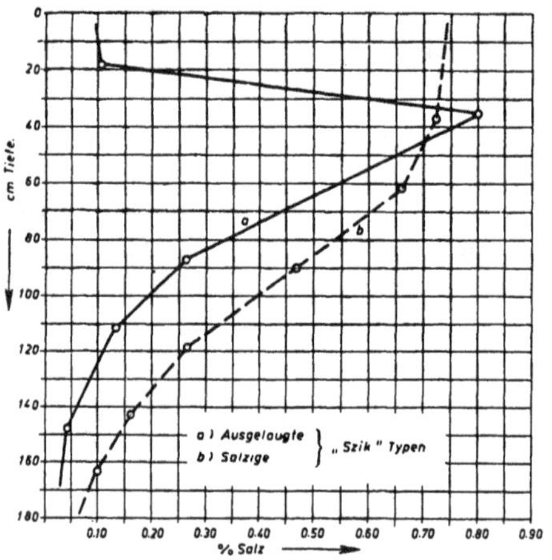

Abb. 1. Verteilung der wasserlöslichen Salze innerhalb der „Szik"-Böden der ungarischen Tiefebene

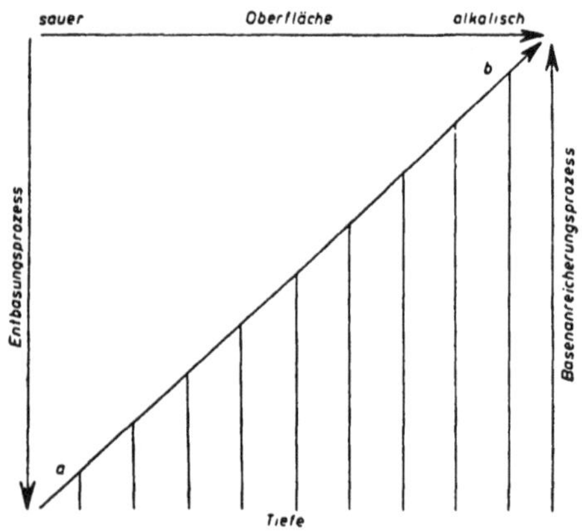

Abb. 2. Skizze der in verschiedenen Szik-Typen herrschenden Prozesse; a-b Lagerung der einzelnen Salzanhäufungshorizonte

ionen im erhöhten Maße zur Geltung gelangen; dies zeigt sich im Abnehmen der pH-Zahl und im ungesättigten Sorptionskomplex. Ist jedoch die Möglichkeit zum kapillaren Aufstieg des Na-haltigen Grundwassers gegeben, tritt also die Auslaugung in den Hintergrund, dann rückt die Zone der Salzanhäufung der Bodenoberfläche immer näher. Der Basengehalt wird erhöht, und dementsprechend überwiegen im Bodensystem die Hydroxylionen. Abgesehen davon, daß die Salzzone sich mehr und mehr der Oberfläche nähert und diese schließlich erreicht, nimmt auch die Menge der Salze zu. Nicht nur in Ungarn, sondern auch in anderen Ländern sind sowohl die beiden obigen Extremfälle als auch sämtliche Zwischenstufen anzutreffen. Wie vorhin erwähnt, kann die Alkalisierung in den verschiedensten Bodentypen und bodenähnlichen Gebilden verlaufen; sie wirkt gewissermaßen uniformierend, wobei jedoch geringfügige Unterschiede, manchmal sogar beträchtliche Abweichungen der Böden voneinander bestehen bleiben. Die geschilderten Vorgänge der Basenverarmung bzw. Basenanreicherung vermögen je nach der Art ihres Verlaufes die Zahl der einzelnen Untertypen und örtlichen Varietäten noch zu erhöhen.

Die im Alkaliboden vorherrschende, sich in den erwähnten Vorgängen manifestierende Dynamik bestimmt nicht nur den Typ, den Untertyp und die örtliche Varietät, sondern bildet auch eine wichtige Grundlage der Klassifizierung.

Der von oben nach unten fortschreitende Vorgang läßt die sogenannten strukturellen Alkaliböden — nach der russischen Nomenklatur „Solonetzböden" — entstehen; der gegenteilig verlaufende Prozeß führt meist zur Bildung der strukturlosen, salzhaltigen Alkaliböden, den russischen „Solontschakböden". Zwischen diesen beiden Extremen finden sich Übergänge in zahlreichen Abstufungen (Abb. 2).

Die bisherigen Untersuchungen und Beobachtungen zeigten, daß die Niederschläge in den alkalisierten Gebieten der ungarischen Tiefebene — im Jahresmittel 500—550 mm — wohl genügen, um merkliche, stellenweise sogar starke Auslaugung herbeizuführen. In geringerem Ausmaß findet die Auslaugung auch dort statt, wo sonst der kapillare Salzaufstieg überwiegt. Aus diesem Grunde sind die dem russischen Solontschak vergleichbaren salzhaltigen Alkaliböden in Ungarn nur vereinzelt, fleckenweise anzutreffen, bzw. Alkaliböden, die vor etwa 30 bis 40 Jahren noch entschiedenen Solontschakcharakter aufwiesen, haben gegenwärtig nur eine dünne, einige Zentimeter starke ausgelaugte Deckschicht, unter der die Hauptmasse der angehäuften Salze liegt. Demgemäß sind diese Böden nicht, wie früher angenommen, reine Solontschakböden, weil sie die Tendenz zur Strukturbildung erkennen lassen. Zu jener Zeit, da sie VON SIGMOND beschrieb, stellten sie echte Solontschakböden dar. Seither haben sie sich jedoch verändert, ihre oberste Schicht von einigen Zentimetern wurde ausgelaugt, und sie gingen in einen Typ über, der als Semisolontschak oder semistrukturloser, salzhaltiger Alkaliboden bezeichnet werden könnte. Die natürliche Entwicklung solcher Böden verläuft in Richtung Auslaugung. Dies wird auch durch die mit der Untergrundlockerung gewonnenen Erfahrungen bestätigt.

Auf Grund der bisherigen Beobachtungs- und Untersuchungsergebnisse und unter Berücksichtigung der Bodensystematik VON SIGMONDs ist die nachstehende schematisch umrissene Klassifizierungsmethode für Alkaliböden vorzuschlagen. Diese wird sicher noch Änderungen erfahren, bietet jedoch schon in ihrer gegenwärtigen Form einen genetischen Überblick über die Alkaliböden (Tab. 1).

Tabelle 1

Die genetische und praktische Klassifizierung der ungarischen Szikböden

Gruppe	Typ	Entstehungsprozeß
I.	Ohne Typ	1. Verwitterung der Na-reichen, zur Bodenbildung geeigneten Gesteine und Mineralien a) Pausierende oder mangelhafte Auslaugung = salzbodenartige Bildung b) Auslaugung = ähnliche Bildung wie bei den Szikböden mit Struktur 2. Abtragung des entstandenen Salzbodens und Ablagerung desselben auf nicht versziktem Boden Der Stand des Grundwasserhorizontes kann veränderlich sein. Der Prozeß kann auch unabhängig von dem Grundwasserhorizont vor sich gehen. — Weiteres Studium der Frage, Sammlungen von Beobachtungen und Angaben sind nötig

Gruppe	Typ	Entstehungsprozeß	
II.	Na- salzhaltige Böden („Solontschakböden“)	A. Als Folge vollständig fehlender Auslaugung entstandene Salzböden 1. Kapillarer Aufstieg der Na-Salze 2. Verdunstung des Na-salzhaltigen Oberflächenwassers 3. Nacheinander folgende zeitweilige Änderungen der Vorgänge unter 1 und 2 4. Ausgelaugte oder saure echte Salzböden mit Struktur Bis zur Oberfläche vordringende Versalzung (sekundäre Verszikung oder Versalzung) der Szikböden als Folge der Prozesse 1 oder 2 5. Als Folge der Bewässerung (Anstieg des Grundwasserhorizontes, Ausdehnung nach den Seiten oder Anwendung von Na-salzhaltigem Bewässerungswasser) eingetretene künstliche Versalzung B. Mäßige Auslaugung 1. Semi-Salzböden 2. Sekundär versalzene oder strukturelle Salzböden (Solonetzisierte Solontschakböden) usw.	Untertypen 1. Sulfat 2. Chlorid 3. Sulfat-Chlorid 4. Sulfat-Hydrokarbonat 5. Chlorid-Hydrokarbonat 6. Sulfat-Chlorid-Hydrokarbonat 7. Sulfat-Karbonat 8. Chlorid-Karbonat 9. Sulfat-Chlorid-Karbonat 10. Karbonat
III.	Strukturelle Szikböden	1. Mäßig ausgelaugt (dem russischen Solonetz ähnlich) 2. Sauer-ausgelaugt (solodisierter Solonetz) 3. Sauer-degradiert (den russischen Solodiböden ähnlich) 4. Erodiert (Solontschak-Solonetz) 1—3. Auslaugungsmöglichkeit. In dem Profil ist eine Bestandteilsverlagerung zu finden. Der Grundwasserhorizont liegt in einer Tiefe zwischen 3 und 5 m. Diese drei Formen entwickeln sich am meisten aus Wiesen- und Tschernosemboden 4. Die Oberfläche ist von der Auslaugung angegriffen und durch Wasser abgetragen	Standortvarianten a) Qualität und Quantität der Salze b) Relief c) Hydrologische Verhältnisse d) Standörtlich-klimatische Verhältnisse e) Muttergestein f) Charakteristische Gestaltung des Profils
IV.	Sonstige Böden	1. Strukturelle, sogenannte solonetzartige Böden a) Durch alluviale Ablagerungen verdeckte und verschlämmte Wiesen- oder Moorböden b) Magnesium-Natriumböden 2. Verdeckte (Relikt-) Böden 3. Magnesiumreiche Böden 4. Verbesserte Szikböden Alle Böden, die zur IV. Klasse gehören, bedürfen weiterer Prüfungen	
V.	Verbesserungsklassen	1. Kalkarm, ausgelaugt und kalkarm, sauer; III/1, IV/abc, III/2, III/3 2. Kalkarm, schwach alkalisch, sogenannter Zwischentyp; II/B-2, III/4 3. Kalkhaltig, sehr alkalisch; II/A-1—4, III/4, II/B 1—2	

I. Ohne Typ

1. Verwitterung und unvollständige Auslaugung von Na-reichen Gesteinen und Mineralien 2. Verwitterung und Auslaugung von Na-reichen Gesteinen und Mineralien Weitere Studien und Sammeln von Angaben notwendig	Grundwasserstand schwankend Evtl. ohne jeden Einfluß

3. Abtragung und Sedimentierung von bereits entwickelten Salzböden

II. Na-salzhaltiger „Solontschak"-Boden

A) Vollständiges Fehlen der Auslaugung

1. Kapillarer Aufstieg von Na-Salzen
2. Verdunstung von Na-salzhaltigem Oberflächenwasser
3. 1. und 2. einander ablösend
4. Versalzung von strukturellen ausgelaugten oder sauren Alkaliböden bis zur Oberfläche infolge der unter 1. oder 2. ausgeführten Vorgänge, sogenannte „sekundäre Alkalisierung" = Solonetz-Solontschakböden
5. Künstliche Versalzung durch Bewässerung (Steigen des Grundwassers, seitliche Ausbreitung oder Berieselung mit Wasser, das alkalische Na-Salze führt)

In den Fällen 1., 2. und 3. ist der Boden im allgemeinen nicht strukturell und weist ein „A–C"-Profil auf. Die Auslaugung, d. h. die Verlagerung der Bestandteile von oben nach unten steht still, und die entgegengesetzte Kraft beginnt zu wirken. Die Tiefe des Grundwasserspiegels ist veränderlich, jedoch meist nicht bedeutend (0—100—150 cm unter der Oberfläche). Die Hauptmasse der wasserlöslichen Salze ist an der Oberfläche zu finden, sie nimmt mit zunehmender Tiefe ab.

Subtypen:		
	1. Sulfat 2. Chlorid 3. Sulfat-Chlorid	neutrales Medium
Salzböden gebildet unter Mitwirkung von Anionen	4. Sulfat-Hydrokarbonat 5. Chlorid-Hydrokarbonat 6. Sulfat-Chlorid-Hydrokarbonat 7. Sulfat-Karbonat 8. Chlorid-Karbonat 9. Sulfat-Chlorid-Karbonat 10. Karbonat	alkalisches Medium

Besonders die in Gegenwart von OH-Ionen gebildeten Untertypen sind gesättigt und reagieren auf Phenolphthalein größtenteils alkalisch. Kohlensaurer Kalk ist schon in der Oberflächenschicht und auch in tieferen Lagen des Profils vorhanden. Der Gehalt an wasserlöslichen Salzen wechselt, gelegentlich liegt er über 1,0%. Ebenso veränderlich ist die Menge an austauschfähigem Na, sie beträgt zumindest 10—15% des S-Wertes.

Örtliche Varietäten je nach
Natur und Menge der Salze,
topographischen Verhältnissen,

hydrologischen Verhältnissen,
örtlichen, klimatischen Bedingungen, Muttergestein,
Ausmaß der charakteristischen Profilgestaltung.

B) Mäßige Auslaugung

1. Semi-Salzböden (Solonetzisierte Solontschakböden)
2. Sekundär versalzte oder strukturelle Salzböden (Solonetzartige Solontschakböden)

Zu 1. Grundwasserstand veränderlich, jedoch stets nahe zur Oberfläche (s. IIa). Trotzdem wird die oberste, einige Zentimeter mächtige Schicht durch die natürlichen Niederschläge ausgelaugt. Diese Schicht hat einen fahlen Farbton und ist arm an wasserlöslichen Salzen. Die Hauptmasse der Salze findet sich unterhalb der dünnen, zur Strukturbildung neigenden oder bereits strukturellen Oberschicht, die in oben genannter Weise entstand (Horizont „A"). Die Deckschicht hat meist Lamellenstruktur oder sie ist verkrustet, reagiert neutral bzw. schwach alkalisch (p_H-Zahlen zwischen 7 und 8). Darunter befindet sich die für Salzböden charakteristische, eintönige, dem Muttergestein aufliegende Schicht. Die früher als Solontschak bezeichneten ungarischen Salzböden gehören meist in diese Gruppe.

Abb. 3. Semi-Salzboden („solonetzisierter" Solontschakboden) in der Nähe von Püspökladány

Zu 2. Der Grundwasserspiegel steigt, und durch die aufsteigenden Salze wird die ausgelaugte Bodenschicht abermals salzhaltig.

VON SIGMOND bezeichnete diesen Vorgang nach VILENSKIJ als Regradation, die sich an vielen Stellen des ungarischen Tieflandes beobachten läßt. Durch die Auslaugung entstand in den meisten Fällen die Säulenstruktur; infolge des Salzaufstieges verwandelte sich der Boden in einen Salzboden. Findet dieser Versalzungsvorgang nicht auf Alkaliböden statt, dann ergeben sich primäre Salzböden. Die Wiederversalzung von Alkaliböden ergibt sekundäre Salzböden. Die ersteren bilden sich in der Regel in Rieselbetrieben mit unzureichenden Entwässerungsanlagen oder als Folgeerscheinung des Reisbaues. Sie kommen in den bewässerten oder dem Reisbau gewidmeten Gebieten des Tieflandes leider häufig vor. Ihre Entstehung wird als „sekundäre Alkalisierung" bezeichnet. Das ist jedoch nicht zutreffend, weil dieser Prozeß durch Ansteigen und horizontale Ausbreitung des Grundwasserspiegels auch dort stattfindet, wo der Boden früher niemals alkalisiert war. Es handelt sich also nicht um sekundäre, sondern um künstlich hervorgerufene Alkalisierung bzw. Versalzung des Bodens.

Die sekundäre oder die durch menschliche Tätigkeit verursachte Versalzung kann auf ausgelaugten bzw. auf versauerten Alkaliböden vor sich gehen. Das Bodenprofil erleidet auf jeden Fall Veränderungen.

Die oberste Zone der Deckschicht von einigen Zentimeter Mächtigkeit enthält keine wasserlöslichen Salze oder nur geringe Mengen. Das ganze Profil weist in der Regel alkalische Reaktion auf; kohlensaurer Kalk und Soda oder ein sonstiges, alkalisch wirkendes Salz sind vorhanden. Der Boden des „B"-Horizontes zerfällt in Schollen von Walnußgröße. Die Sulfate Na_2SO_4 und $CaSO_4$ sind oberhalb der Karbonatanhäufungsschicht anzutreffen; dieser Umstand spricht für den kapillaren Salzaufstieg von unten.

Auf solchen sekundär versalzten Böden sind oft Erosionskräfte wirksam.

III. Strukturelle Alkaliböden

Die strukturellen Alkaliböden in Ungarn sind den russischen Solonetzböden ähnlich, jedoch nicht mit ihnen identisch, weil sie sich unter den eigenartigen, natürlichen, klimatischen und sonstigen Bedingungen des Karpatenbeckens unter dem Einfluß von mehr oder weniger starker Auslaugung gebildet haben. Im nördlichen Teil des Tieflandes wurden vorwiegend Wiesenböden, im mittleren Teil abwechselnd Wiesen-, Steppen- und sonstige Bodenarten alkalisiert, im südlichen Teil waren es im allgemeinen Steppenböden. Eine genaue Unterscheidung dieser Kategorien voneinander ist z. Z. weder in bezug auf den Anionenanteil der Salze noch in Hinsicht auf den gebildeten Alkalibodentyp durchführbar; viel mehr Untersuchungsangaben als vorhanden wären notwendig, um die stattgefundenen Vorgänge und die gegenwärtige Lage genau kennzeichnen zu können. Mit zunehmender Intensität der Auslaugung wird das Bodenprofil abgeändert (während der Ausbildung der genannten Typen hatte sich der Grundwasserspiegel gesenkt). In Ungarn können im allgemeinen zwei Typen und ein Übergangstyp unterschieden werden:

1. mäßig ausgelaugt (den russischen Solonetzböden vergleichbar),
2. ausgelaugt-sauer (solodierter Solonetz),
3. sauer-destruiert (den russischen Solodiböden vergleichbar).

In diesen Böden geht mehr oder weniger intensive Auslaugung vonstatten. Ist das nicht möglich, dann erfolgt die Zerstörung der Bodenoberfläche, und es entsteht der

4. erodierte, abgetragene, strukturelle Alkaliboden (Solontschak-Solonetz), ein scheinbar von den vorigen verschiedener Typ.

Der Grundwasserspiegel befindet sich unter den Typen 1 und 2 in Tiefen von 3—5 m.

Zu 1. Die oberste Schicht von 35—40 cm Mächtigkeit enthält keinen kohlensauren Kalk und nur wenig (unter 0,20%) wasserlösliche Salze, die neutral sind und in der Hauptsache Sulfate darstellen. Sie finden sich hauptsächlich in Tiefen von etwa 40 cm nahe der unteren Grenze des „B"-Horizontes, wo „B" und „C" aufeinanderstoßen. Die Reaktion auf Phenolphthalein beginnt 50 bis 60 cm tief, meist dort, wo auch der kohlensaure Kalk erscheint.

Abb. 4 Sauer-ausgelaugter struktureller Szikboden („solodierter Solonetz") Hortobäay (Ungarn)

Der Horizont „A" ist etwa 10—15 cm dick und hat in der Regel blaßgraue Farbe und schwach saure Reaktion (pH-Zahlen zwischen 6 und 7). Der meistens säulenartige Horizont „B" ist namentlich in seinem oberen Teil dunkler gefärbt als „A", seine Reaktion liegt bei neutral bis schwach alkalisch (pH 7—8). Diese beiden Horizonte weisen zusammen eine Mächtigkeit von 45 bis 60 cm auf. Der Horizont „C" besteht zumeist aus stark alkalischem, Konkretionen von kohlensaurem Kalk enthaltendem Löß, Mergel oder Ton. — Subtypen wie bei II.

Zu 2-3. Keine wasserlöslichen Salze in der Deckschicht. Durch die starke Auslaugung wurden nicht nur die Salze entfernt, sondern auch der Natriumboden erlitt hydrolytische Spaltung. An die Stelle des von den Kolloiden abgespaltenen Natriums sind H-Ionen aus dem Wasser getreten. Dadurch wird der Sorptionskomplex ungesättigt. Demzufolge ist der meist dicke, gebleichte, manchmal eisenschüssige „A"-Horizont stets sauer. Der obere Teil des ebenfalls gebleichten „B"-Horizontes ist sauer oder neutral. Infolge der starken Auslaugung findet Substanzverlagerung statt; davon werden zum Teil die Kolloide betroffen, und der „A"-Horizont gliedert sich in den A_1-Horizont, der unter dem Einfluß des Wurzelnetzes der Grasnarbe steht, und in den darunter liegenden A_2-Horizont, der hellgrau und eisenschüssig oder eisenfleckig ist. Die intensive Durchwaschung bewirkt auch die Gliederung des „B"-Horizontes. Die oberen Teile der Säulen werden ausgebleicht und zerfallen leicht (B_2-Horizont), ihr unterer Teil verdichtet sich. Wie schon erwähnt, ist meist auch der B_1-Horizont sauer, der „C"-Horizont jedoch immer alkalisch, er enthält wasserlösliche Salze und kohlensauren Kalk in wechselnden Mengen.

Dieser Typ entspricht dem degradierten Alkali- oder „Szik"-Boden nach VON SIGMOND. Im Profil vollzieht sich ein Auslaugungsvorgang, der der Podsolbildung vergleichbar ist, jedoch ohne die Bildung von saurem Humus und die Beteiligung daraus hervorgegangener saurer Substanzen. Charakteristisch ist die im oberen Teil des Profils bzw. in der Deckschicht stattfindende Ausscheidung von Kieselsäure, die bei der hydrolytischen Zersetzung des Tonanteils entsteht und dann ausfällt. Nach Angaben und Mitteilungen sowjetischer Forscher wird der geschilderte Vorgang „Solodibildung" und der entstandene Boden „Solodi" genannt.

In solchen Böden liegen die wasserlöslichen Salze in beträchtlichen Tiefen. Nach erfolgter kräftiger Auswaschung des Profils kann der Boden durch die Steppenperiode oder auch ohne diese in den betreffenden zonalen Typ übergehen. — Subtypen und örtliche Varianten wie bei II.

Zu 4. Tiefe des Grundwasserspiegels wechselnd, jedoch im allgemeinen bei 2 bis 3 m. Da die Kittsubstanz des Bodens wenig wasserbeständig ist, kann leicht Erosion erfolgen. Es entstehen Einwaschungen. Die Deckschicht oder primäre Oberschicht wird durch das Wasser erodiert und abgetragen. Sogenannte „Bank"-Gebilde entstehen. Die Hauptmenge der schädlichen Salze, die sich, wie oben erwähnt, in der Grenzzone zwischen dem „B"- und „C"-Horizont angehäuft hat, wird durch den geschilderten Vorgang der neuen, sekundären oder gar tertiären Oberfläche näher gerückt, meist ohne eigentliche Verlagerung der Salze. Die sekundäre oder tertiäre Oberfläche besteht aus den oberen Abschnitten der zum Teil schon zersetzten oder auch abgetragenen Säulen. Sie hat eine hellgraue Farbe und ist verkrustet. Die den äußeren Einflüssen ausgesetzte Deckschicht reagiert neutral oder schwach alkalisch (pH-Zahlen zwischen 7 und 8), zuweilen jedoch stark alkalisch (pH über 8,5). Im letzteren Fall enthält sie kohlensauren Kalk, gelegentlich auch Kalk- und Eisenkonkretionen. Manche Forscher nennen solche Böden Solonetz-Solontschakböden. — Subtypen und örtliche Varianten wie bei II.

IV. Sonstige Böden

1) Strukturelle, sogenannte solonetzartige Böden

a. Das bekannte Profil aus „A"-, „B"- und „C"-Horizont ist nicht nur in den genannten Fällen anzutreffen, sondern auch dann, wenn irgendein Bodentyp, z. B. ein Wiesenboden, von kalkarmem Alluvium bedeckt wird und danach Auslaugung erfolgt. Der A-Horizont solcher Böden ist gebleicht, kalkarm, ungesättigt. Unter demselben liegt der säulenartige, dunkel gefärbte „B"-Horizont, darunter gewöhnlich der aus früheren Überflutungen stammende Rest als

Abb. 5. Erodierter (Solontschak-Solonetz) Szikboden in der Nähe von Hajduszoboszlö (Ungarn)

„C"-Horizont. Profile dieser Art sind entlang der Theiß und ihrer Nebenflüsse nicht selten. Die humusarme Deckschicht ist in vielen Fällen mäßig sauer, ungesättigt und nicht alkalisiert; der säulenartige „B"-Horizont reagiert nur schwach alkalisch und ist nicht oder nur in geringem Maße alkalisiert. Der „C"-Horizont weist wechselnde stoffliche Zusammensetzung und stets alkalische Reaktion auf.

Abb. 6. Verdeckter Szikboden in der Nähe der Teiß (Ungarn)

b. Eine ähnliche Gliederung und ausgeprägt säulenartige Struktur ist bei manchen Mg–Na-Böden zu beobachten.

2) Begrabene Alkaliböden

Reliktböden aus alten Zeiten, überlagert von Schwemmland oder sonstigen Sedimenten. Auf den letzteren entwickelten sich die meist dem Steppentyp angehörenden Böden, die gegenwärtig in der Regel landwirtschaftlich genutzt werden. Die Ertragssicherheit solcher auf alkalisiertem Untergrund liegenden Böden ist gering, ihr Wasseraufnahme- und Wasserspeicherungsvermögen unzureichend. Liegt der alkalisierte Untergrund in beträchtlichen Tiefen (zumindest 150—160 cm), so wirkt er sich auf den Pflanzenbau nur selten schädlich aus. — Weitere Studien an diesen Böden sind notwendig.

3) Magnesiumreiche Böden

Sie sind in Ungarn an verschiedenen Stellen anzutreffen und weisen meist einen ungünstigen Wasserhaushalt auf. Der Gehalt an austauschfähigem Mg ist nicht nur größer als der an austauschfähigem Ca, sondern übertrifft oft sogar den Gesamtgehalt an Ca und Na. — Der Typ dieser Böden und die entstehenden Fragen fordern weitere Studien.

4) Verbesserte Alkaliböden

Im Vergleich zu den Alkaliböden haben diese Böden einen geringeren Na-Gehalt; demzufolge haben die physikalischen, chemischen und biologischen Eigenschaften —

also die gesamte Bodendynamik — eine Veränderung im günstigen Sinne erfahren. Eine Melioration bewirkt nur eine Umgestaltung der Eigenschaften in der Deckschicht; weitere Verbesserungen der tieferen Schichten sind erforderlich, um einen bestimmten Bodentyp — in der Regel Ca-Böden oder Pseudo-Ca-Böden — hervorzubringen. — Weitere Studien sind notwendig.

V. Die praktische Klassifizierung der Alkaliböden

Bei der Gruppierung von Alkaliböden im Hinblick auf ihre Melioration sind nicht nur genetische, sondern auch anderweitige Momente ins Auge zu fassen. Über die letzteren wurde bereits an anderer Stelle berichtet, doch sollen sie auch hier hervorgehoben werden.

Die Alkaliböden sind daher nach ihren Meliorationsmöglichkeiten in folgende Gruppen einzuteilen:

1) kalkarm, ausgelaugt und	nach der sowjetischen Nomenklatur: Solonetz	Alkaliböden
kalkarm, sauer	nach der sowjetischen Nomenklatur: Solodi	
2) kalkarm, schwach alkalisch, sogenannter Übergangstyp	mit abgetragener Oberfläche, evtl. regradiert	
3) kalkhaltig, stark alkalisch	kalk- und sodahaltig, meist nicht strukturell	

In dieser nach den Gesichtspunkten der Melioration erfolgten Gruppeneinteilung werden die nachstehenden Faktoren beachtet: örtliche Verhältnisse, örtlich wahrnehmbare Eigenschaften des Bodens, Bodentyp, Dynamik, Verteilung der Salze im Profil, Salzmenge (mit besonderer Rücksicht auf das etwaige Vorhandensein auf Phenolphthalein alkalisch reagierender Salze), Reaktion des Bodens, Sättigungsgrad (y_1) usw.

Nach den bisherigen Erfahrungen erweisen die obigen Angaben gute Dienste bei der Verbesserung der Alkaliböden. Mit ihrer Hilfe wird die jeweilige Meliorationsgruppe erkannt und demgemäß das geeignete Verbesserungsmittel angewandt. Die erzielten praktischen Erfolge bestätigen zum Teil sehr alte, nahezu 180 Jahre zurückliegende Erfahrungen.

Zusammenfassung

Ein Überblick über die verschiedenen Entstehungsmöglichkeiten der Alkali- oder „Szik“-Böden, besonders für die Verhältnisse in Ungarn sowie über ihre nachteiligen Eigenschaften wird gegeben. Die vorgeschlagene Klassifizierung der ungarischen Alkaliböden ist auf die Bodensystematik VON SIGMONDs zurückzuführen. Sie unterteilt die Salzböden in nicht typische Alkaliböden, Na-Salze enthaltende „Solontschak“-Böden, die ohne Auslaugung bzw. bei mäßiger Auslaugung entstehen, strukturelle Alkaliböden, die den russischen „Solonetz“-Böden ähnlich sind, und sonstige Böden, zu denen strukturelle, sogenannte solonetzartige Böden, begrabene Alkaliböden, Mg-reiche Böden und die verbesserten Alkaliböden mit geringerem Na-Gehalt zählen.

Eine abschließend angeführte praktische Klassifizierung der Alkaliböden beruht auf ihren Meliorationsmöglichkeiten. Dabei werden örtliche Verhältnisse, Bodeneigenschaften, Bodentyp und -dynamik, Salzverteilung im Profil, Reaktion des Bodens, Sättigungsgrad des Sorptionskomplexes usw. berücksichtigt. Dieses Klassifizierungsschema ermöglicht es der Praxis, die jeweils geeigneten Meliorationsmittel anzuwenden.

Резюме

Сообщается о различных возможностях происхождения щелочных почв или почв — „сцик", в частности,в условиях Венгрии, а также о их отрицательных свойствах. Предложенная классификация венгерских щелочных почв основывается на систематике почв ЗИГМОНДА. Согласно этому, засоленные почвы делятся на типичные щелочные почвы, на „солончаковые почвы", содержащие натриевые соли, и возникающие без выщелачивания или же при умеренном выщелачивании, на структурные щелочные почвы, подобные русским „солонцам" и на прочие почвы, к которым относятся так называемые солонцеватые почвы, зарытые щелочные почвы, богатые магнием почвы и улучшенные щелочные почвы с малым содержанием натрия.

Приведенная в заключение практическая классификация щелочных почв основана на возможностях их мелиорации. При этом учитываются местные условия, свойства почв, типы почв, степень насыщения поглощающего комплекса и т. д. Такая схема классификации помогает практике применять подходящие в данном случае средства мелиорации.

Summary

A survey is given about the different possibilities of the formation of alkali soils or „szik" soils, especially for the conditions prevailing in Hungary and about their detrimental qualities. The proposed classification of the Hungarian alkali soils is based on the soil systematics by VON SIGMOND. This system divides saline soils into not typical alkali soils, into the "solonchak" soils which contain Na-salts, into the structural alkali soils, which are similiar to the Russian "solonetz" soils and into other kinds of soils to which belong the structural, so-called solonetz-like soils, the filled up alkali soils, the soils rich in Mg and the improved alkali soils with smaller contents of Na. A practical classification of the alkali soils given at the end is based on their possibilities of soil improvement. The local conditions, the qualities of the soil, the type and dynamics of the soil, the distribution of the salt in the profile, the reaction of the soil, the degree of saturation of the absorbing complex etc. are taken into consideration. This scheme of classification gives the praxis the chance, to use the appropriate means for the improvement of the soil.

Aus dem Institut für Pflanzenernährung, Bodenchemie und Bodenbiologie
der Humboldt-Universität zu Berlin
(Direktor: Prof. Dr. Dr. h. c. M. TRÉNEL)

W. SCHÖNBERG und E. SCHÖNFELD

Zur kolorimetrischen Bestimmung geringer Mengen Aluminium im KCl-Bodenauszug mit Alizarinrot S

Eingegangen: 24. 4. 1959

TRÉNEL und Mitarbeiter haben in vielen Untersuchungen gezeigt, daß die auf „austauschbaren" Böden beobachteten Schäden an den Kulturpflanzen auf lösliches Aluminium zurückzuführen sind. Um im Einzelfall entscheiden zu können, ob eine Aluminiumschädigung vorliegt, genügt es nicht, die „Austauschazidität" des Bodens zu titrieren, weil ihre Größe, insbesondere auf Sandböden, kein zuverlässiges Maß für den Aluminiumgehalt des Bodenauszuges ist. Erst die quantitative Bestimmung des austauschbaren Aluminiums gibt Aufschluß darüber, ob die betreffende Bodenreaktion infolge Anwesenheit von Al-Ionen pflanzenschädlich ist.

Die Grundlage des Verfahrens bildet die Erscheinung, daß Al-Ionen mit Alizarinrot S (Alizarinsulfosaures Natrium) einen in essigsaurer Lösung beständigen roten Farblack erzeugen, aus dessen kolorimetrierter Farbintensität auf die Aluminiumkonzentration geschlossen werden kann.

Die Untersuchung wird wie folgt durchgeführt:

20 g Boden werden mit 50 ml 0,1 n-KCl zwei Stunden geschüttelt (g Boden: ml Flüssigkeit = 1:2,5). Anschließend wird der Bodenauszug durch ein hartes Filter klar filtriert. Je 10 ml Filtrat werden in ein 50-ml-Kölbchen pipettiert und mit 5 ml Alizarinlösung versetzt. Ebenso wird mit den Standardlösungen verfahren. Danach fügt man 2 ml Ammoniak (2,5% NH_3) — bei Serienuntersuchungen am besten mit einer Bürette — hinzu und schüttelt um. Durch Anlegen des Bürettenhahnes an die innere Wandung des Kölbchenhalses und langsames Zulaufen läßt sich die erforderliche Genauigkeit von $\pm$ 0,03 ml erreichen. Nachdem man die Kölbchen 24 Stunden stehengelassen hat, füllt man mit Pufferlösung bis zur Marke auf und mißt die Extinktion gegen eine mit 0,1 n-KCl hergestellte Nullösung bei 530 nm (= mμ) (ZEISS-PULFRICH-Filter S 53).

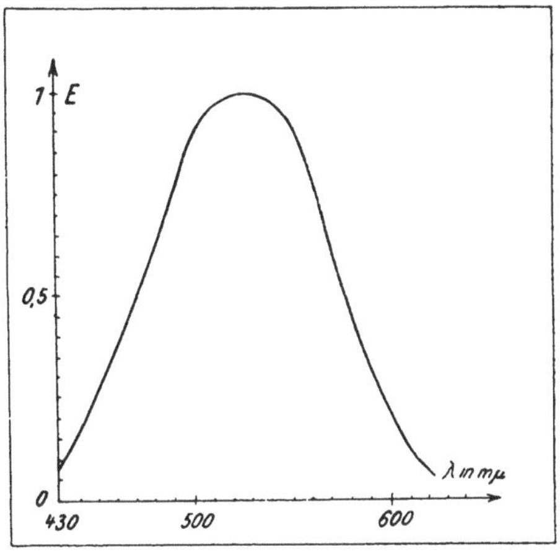

Abb. 1. Absorptionskurve

Nach OELSCHLÄGER[1] liegt das Absorptionsmaximum des Aluminium-Alizarinfarblackes bei 500 nm. Wir fanden mit ZEISS-PULFRICH- und ZEISS-Spektrophotometer 539 $\pm$ 5 nm (Abb. 1).

Die Schichtdicke soll so gewählt werden, daß die Extinktion zwischen

[1] Z. Analyt. Chem. 1957, **154**, 321

0,1 und 1 liegt. Die Eichkurve ist innerhalb der Ablese- und Arbeitsfehler (< 4%) eine Gerade (Abb. 2). Ihr Anstieg wird durch das Verhältnis Aluminiumkonzentration: Extinktion bestimmt.

Dies Verhältnis hat etwa den Wert:

$$F = \frac{C \cdot D}{E} = 1{,}8\ \mu g \cdot cm \cdot ml^{-1}$$

F = Faktor, C = Al-Konzentration in µg/ml im aufgefüllten Kölbchen; D = Schichtdicke in cm; E = Extinktion.

Berechnung

Bei Einhaltung der angegebenen Arbeitsbedingungen gilt:

$$\mu g\ Al/100\ g\ Boden = \frac{E \cdot F}{D} \cdot 50 \cdot \frac{100}{4}$$

Wird der oben angegebene Wert für F gefunden und wurde E bei D = 1 cm bestimmt oder darauf umgerechnet, so folgt

$$\mu g\ Al/100\ g\ Boden = E \cdot 2250$$

Einfluß von Reaktion, Salzkonzentration und Zeit

Nach dem Zusatz der Alizarinlösung sind die zu untersuchenden Lösungen sauer (pH etwa 2,8). Durch die Zugabe von Ammoniak wird ein pH-Wert von 9,75 erreicht. Bei längerem Stehen tritt eine Alterung der entstandenen Verbindung und Aggregation zu höhermolekularen Gebilden ein. Diese haben eine höhere Adsorptionsfähigkeit und eine geringere Lösungsgeschwindigkeit in Säuren. Bei niedrigeren pH-Werten (z. B. 5) wird sehr viel weniger Alizarin angelagert, und die Eichkurve ist sehr flach. Höhere pH-Werte (pH 11) sind ungünstig. Die Eigenfarbe des Alizarinüberschusses nach dem Ansäuern ist dann sehr hoch, und man muß Küvetten sehr geringer Schichtdicke verwenden, um eine Allgemeinhelligkeit zu erhalten, die die Bestimmung der Extinktion im PULFRICH-Photometer erlaubt. Ein Maß für die Allgemeinhelligkeit ist die Extinktion der Nullösung gegen Wasser. Bei der angegebenen Arbeitsweise beträgt E_0 etwa 0,3 bei D = 1 cm. Weiterhin verstärkt sich die Störung durch einige Schwermetalle (Fe, Co) bei hoher Ammoniakzugabe und damit verbundenem hohem pH-Wert. Es erscheint daher unangebracht, die Steil-

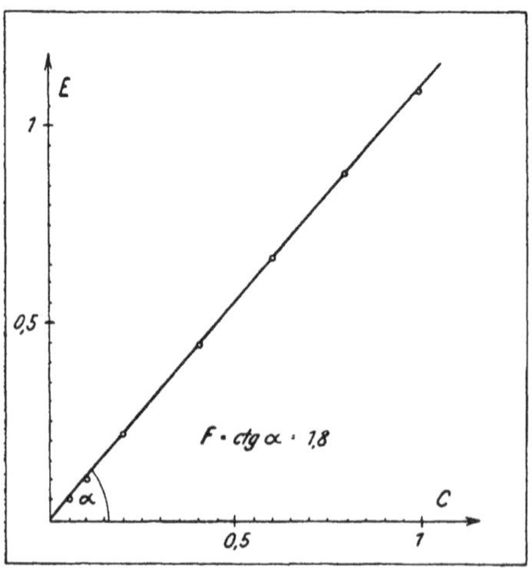

Abb. 2. Eichkurve (D = 2 cm)

heit der Aluminiumeichkurve durch einen Zwischen-pH-Wert von > 10 zu erhöhen. Ein pH-Wert von etwa 10 und eine 24stündige Einwirkungsdauer sind jedoch erforderlich, um genügend kleine Aluminiummengen bestimmen zu können. Die in der Alizarinlösung enthaltene Essigsäure bildet mit einem Teil des zugesetzten NH_3 Ammoniumazetat. Dadurch wird eine genügende Pufferung im Bereich um pH 10 erreicht. Um pH 7 ist die Lösung gegenüber NH_3 oder Säure sehr empfindlich. Je höher der durch die Ammoniakzugabe bewirkte pH-Wert und je länger die Einwirkdauer des NH_3 waren, desto stärker kann man ansäuern, ohne daß sofortige Zersetzung des Farblackes eintritt. Der verwendete Auffüllpuffer vom pH 3,55 macht es unmöglich, daß während des Auffüllens in einigen Teilen des Kölbchens ein niedrigerer pH-Wert als 3,55 auftritt.

Durch das Ansäuern verschwindet die rotviolette Indikatorfarbe des Alizarins, und es wird ein End-pH-Wert von 3,75 erreicht. Diesen pH-Wert verträgt der Aluminiumfarblack, ohne zersetzt zu werden. Die Farbintensität kann sofort nach dem Ansäuern gemessen werden. Innerhalb der ersten beiden Stunden nach dem Ansäuern unterliegt sie keiner meßbaren Veränderung. Nach 24 Stunden hat sie bei Meß- und Eichlösungen um 7—9% abgenommen. Ein Vergleich der Extinktionen der Meßlösungen mit denen einer gleichbehandelten Eichkurve bringt auch dann noch richtige Ergebnisse. Aus den Eichlösungen mit hohen Konzentrationen fällt nach einiger Zeit — kaum sichtbar — der Farblack voluminös aus. Durch Schütteln wird er wieder völlig homogen verteilt. Dabei tritt keine Extinktionsveränderung ein. Es ist daher günstig, die Lösungen vor dem Einfüllen in die Küvetten zu schütteln, wenn erst längere Zeit nach dem Ansäuern gemessen wird. Ein vor der Alizarinzugabe erfolgender Zusatz von Glycerin als Kolloidstabilisator bringt keine wesentlichen Vorteile.

Der Anstieg der Eichkurve ist nicht nur von der Höhe des Zwischen-pH-Wertes und der NH_3-Einwirkdauer, sondern auch von der Salzkonzentration und dem Volumen während des Einwirkens des Ammoniaks abhängig. Bei gegebenen Aluminiummengen steigt die Eichkurve um so steiler an, je kleiner das Volumen und je höher die Salzkonzentration sind. Der Salzkonzentration ist dadurch eine Grenze gesetzt, daß bei Gegenwart von zu viel Ammoniumazetat (oder anderen Salzen) das Alizarin ausflockt und nicht für die Lackbildung verfügbar ist.

Eine einheitliche Ausgangsreaktion der Untersuchungslösungen erfordert die Methode nicht, da durch Ammoniumazetat eine gute Pufferung bewirkt wird. Ausgangs-pH-Werte zwischen 2,5 und 9 werden ausgeglichen. Bei der Untersuchung mit Säure aufgenommener Pflanzenaschen muß jedoch nach der Alizarinzugabe (vor der Ammoniakzugabe) gasförmiges NH_3 aus einer Kapillare bis zu einer gleichmäßigen Orangerotfärbung aller Lösungen eingeleitet werden.

Einfluß von anderen, in Bodenauszügen enthaltenen Ionen

In wässeriger Lösung, die nur Neutralsalze enthält, fällt $Al^{\cdots}$ im Bereich pH 4,1 bis pH 4,7 als Hydroxyd aus ($TiO^{\cdot\cdot}$ 1,8—2,8; $Fe^{\cdots}$ 2,8—3,6; $ZrO^{\cdot\cdot}$ 2,9—3,6; $Cr^{\cdots}$ 5,6—6,4; $Mn^{\cdot\cdot}$, $Co^{\cdot\cdot}$, $Ni^{\cdot\cdot}$, $Fe^{\cdot\cdot}$ jedoch erst etwa zwischen pH 6 und 9). Dieser Befund ergibt sich aus elektrometrischen Titrationskurven von Salzsäure mit Natronlauge in Gegenwart von Al-Ionen und aus der Untersuchung stark verdünnter HCl, mit der aus Lösung gefälltes Aluminiumhydroxyd digeriert wurde. Daher ist in KCl-Auszügen von Böden mit einem pH-Wert über 4,7 praktisch kein ionogenes

Aluminium zu finden. Werden doch geringe Extinktionen gefunden, so rühren sie von kolloidal durch das Filter gelaufenen Aluminiumhydroxyden her oder sind von Mangan hervorgerufen.

Außer den ebenfalls rote Farblacke ergebenden Ionen TiO··, Co··, Cr···, Mn··, Be·· und dem schwärzlich färbenden Fe·· wird die Bestimmung vor allem durch aufhellend wirkendes Ca·· gestört (siehe Tabelle 1). Titan ist in KCl-Bodenauszügen nicht enthalten, Be, B, Sn, Zr und Cr nie in störenden Mengen. Auch Co··, das während des Stehens mit Ammoniak in Co··· übergeht, ist selbst in KCl-Auszügen stark saurer Böden nie in störenden Mengen vorhanden. Die durch Mangan beim Ansäuern bis pH 4 eintretende starke Störung wird durch Ansäuern bis auf pH 3,75, wie es in der angegebenen Methode geschieht, vermindert.

Tabelle 1

Absolute Störgrenzen

Störung durch	Störgrenze µg/ml	Störgrenze mg/100 g Boden
KCl, NH_4Cl, KNO_3 NaCl	> 4000	> 1000
P_2O_5	> 200	> 50
Ca	100	25
Si, Ni, Zn, Pb, As	> 40	> 10
Mg	20	5
F, B, Cu, Zr	> 4	> 1
Mn	4	1
Ti, Mo	1	0,25
Fe, Cr, Co, Be	0,2–0,4	0,05–0,1

Bei Anwesenheit von störenden Mengen Mangan ist die Extinktion erst einen Tag nach dem Ansäuern zu bestimmen, da dann die Manganverbindung im Gegensatz zum Aluminiumfarblack weitgehend zersetzt ist. Die in Tabelle 1 angegebene Störgrenze gilt nur unter dieser Voraussetzung; bei sofortigem Messen ist sie etwa der des Chroms gleich.

Die Zugabe von Zitronensäure und Natriumzitrat zur Maskierung von Eisen hat sich als zwecklos erwiesen. Auch ein Zusatz von 1% Thioglykolsäure zur Alizarinlösung verhindert nicht die durch Eisen entstehende schwärzliche Verfärbung, die sich nach dem Ansäuern zeigt, da Zwischen-pH-Werte sehr hoch und NH_3-Einwirkdauer sehr lang sind. In KCl-Bodenauszügen treten jedoch störende Fe-Mengen erst bei pH-Werten < 3,5 auf. Landwirtschaftlich genutzte Böden enthalten nur unbedeutende oder (pH > 4) kein Fe···. Bei Untersuchung von stark sauren Böden kann das Eisen aus dem filtrierten Bodenauszug durch Ausschütteln mit rhodanidhaltigem Amylalkohol oder Äthyläther entfernt werden. Die Standardlösungen werden dann ebenso behandelt. Auszüge von sehr stark sauren Böden (pH < 3,7) enthalten mitunter so viel Aluminium, daß die Auszüge verdünnt werden müssen (2- bis 20fach).

Magnesium tritt unter natürlichen Verhältnissen nicht in störenden Mengen auf. Nur bei Gefäßversuchen mit Magnesiumdüngung kann die Störgrenze erreicht werden.

Calcium tritt im KCl-Auszug in störenden Mengen meist erst bei pH-Werten auf, bei denen im Boden kein ionogenes Aluminium mehr vorkommt. In Gefäßversuchen kann jedoch die Störgrenze überschritten werden, was sich bei viel Calcium durch Aufhellung bemerkbar macht (negative Extinktionen gegenüber der Nullösung). Zusätzliche Mengen $K^{\cdot}$, $NH_4^{\cdot}$, Cl' und $Na^{\cdot}$, $Zn^{\cdot\cdot}$, $Ni^{\cdot\cdot}$, $Pb^{\cdot\cdot}$, PO_4''', SiO_3'', NO_3', SO_4'', SCN' stören in 50facher Menge (gegenüber Al) noch nicht.

In Tabelle 1 sind die von uns gefundenen Störgrenzen angegeben, wobei hier sehr kritisch mit absoluter Störgrenze diejenige Fremdionen- oder Fremdsalzmenge bezeichnet wird, die bei 530 nm und D = 1 cm eine Extinktionsveränderung von 0,01 verursacht (entsprechend 0,02 mg Al/100 g Böden). Bei hohen Aluminiumgehalten ist mit einer geringen Überschreitung der absoluten Störgrenze kein großer relativer Fehler verbunden.

Ergebnisse der Untersuchung einiger Böden auf lösliches Aluminium

JONES und THURMAN[1] fanden mit Eriochromcyanin in Extrakten (1:10 mit einem Natriumazetat-Essigsäure-Puffer vom pH-Wert 4,8) von einigen Böden, deren pH-Werte leider nicht angegeben sind, 1,7 bis 4 mg Al/100 g Boden. Die Anwendung der hier beschriebenen Methode auf einige Böden ergab, daß Al-Ionen nur unterhalb pH 4,7 im Bodenauszug vorkommen, der Gehalt an KCl-löslichem Aluminium dann aber bei sinkendem pH-Wert exponentiell zunimmt (s. Tabelle 2).

Die Methode ist auch anwendbar zur Untersuchung von Auszügen mit destilliertem Wasser. In wässerigen Auszügen findet sich bedeutend weniger (bzw. kein) Aluminium als in KCl-Auszügen, da die pH-Werte der wässerigen Aufschlämmungen höher als die der KCl-Aufschlämmungen sind.

Reagenzien

a) Alizarinlösung

5 g Alizarinrot S werden mit 15 ml Eisessig p. a. (98—100% CH_3COOH) versetzt und mit Wasser zu 1 l aufgefüllt. Die handelsübliche Substanz (RIEDEL DE HAEN, AVELLIS) enthält geringe Mengen Verunreinigungen, darunter wasserunlösliche Bestandteile. Daher wird die Lösung am folgenden Tag durch ein 225 G 5 Ganzglasbakterienfilter in Kerzenform der Firma VEB SCHOTT und Gen., Jena, filtriert. Sie muß gelbrot und völlig klar sein. Die Lösung ist mehrere Wochen haltbar.

b) Ammoniaklösung mit 2,50% NH_3 ($D\frac{20}{4} = 0{,}9872$ g/ml)

Etwa 110 ml konzentriertes Ammoniak p. a. (ca. 25% NH_3; D = 0,91 g/ml) werden mit Wasser zu 1 l aufgefüllt. 5 ml sollen bei Titration mit Salzsäure unter Verwendung von Methylrot als Indikator 72 bis 73 ml 0,1 n-HCl verbrauchen.

c) Auffüllpuffer pH 3,55

25 ml Ammoniak (25% NH_3) werden mit etwas Wasser verdünnt, mit 225 ml Eisessig (98—100% CH_3COOH) versetzt und mit Wasser zu 1 l aufgefüllt.

[1] Plant and Soil 1957/58, **9**, 131

Tabelle 2

Gehalt einiger Böden an 0,1 n-KCl-löslichem Aluminium und Eisen

Boden	pH	mg Al/100 g	mg Fe/100 g
Sandboden [Berge 1954]	4,58	0,08	<0,03
,,	4,43	0,22	<0,03
,,	4,22	0,46	<0,03
,,	4,12	0,74	<0,03
Sandboden [Berge 1957]	4,63	<0,03	<0,03
,,	4,58	0,06	<0,03
,,	4,41	0,37	<0,03
,,	4,16	0,90	<0,03
,,	3,94	1,20	<0,03
Sandboden [Bärenklau 1958]	4,67	0,12	<0,03
,,	4,34	0,41	<0,03
,,	4,13	1,00	<0,03
,,	4;03	2,04	<0,03
,,	3,97	2,72	<0,03
Pseudogley 15—55 cm	3,88	7	0,05
Pseudogley 55—90 cm	3,78	8	0,05
Lehm	3,60	12	0,05
Pseudogley 0—2 cm	3,45	8	0,2
Pseudogley 2—15 cm	3,40	18	0,2
Kippenboden	3,30	4	0,2
Kippe Domsdorf 0—15 cm	2,89	12	0,9
Kippenboden	2,54	60	12
Kippe Domsdorf 50 cm tief	2,52	70	6
Kippe Schwarzkollm 50 cm tief	2,51	100	7
Kippe Koyne 0—25 cm	2,38	30	17
Kippe Koyne 25—50 cm	2,22	70	50

Vergleichslösungen

a) Urlösung (Vorratslösung) 1 mg Al/ml
   17,5834 g $KAl(SO_4)_2 \cdot 12H_2O$ p. a. werden mit Wasser zu 1 l aufgefüllt.

b) Gebrauchslösung 0,01 mg Al/ml
   10 ml Urlösung werden mit 0,1 n-KCl zu 1 l aufgefüllt.

c) Standardlösungen 0,25 μg Al/ml bis 5 μg Al/ml
   Jeweils 2,5; 5; 10; 20; 30; 40; 50 ml Gebrauchslösung werden mit 0,1 n-KCl zu 100 ml aufgefüllt.

Zusammenfassung

1. Es wird eine Methode beschrieben, mit der Aluminium bestimmt werden kann, das in Auszügen von Böden mit 0,1 normaler Kaliumchloridlösung enthalten ist. Die Lichtabsorption ($\lambda = 530$ nm) des mit Alizarinrot S in ammoniakalischer Lösung gebildeten Farblacks wird nach dem Ansäuern mit einem Essigsäure-Ammoniumazetat-Puffer im Photometer gemessen.

2. Eine Untersuchung der Einflüsse anderer Ionen auf die Bestimmung ergab, daß in Bodenauszügen nur Mn und — in Sonderfällen — Fe und Ca stören, was durch besondere Maßnahmen vermieden werden kann.
3. Die Methode gestattet, noch 0,1 mg Al in 100 g Boden sicher nachzuweisen. Oberhalb pH 4,7 konnte in KCl-Auszügen von Sandböden kein lösliches Aluminium nachgewiesen werden. In Sandböden mit einem pH-Wert von etwa 4 wurden 1 bis 3 mg Al in 100 g Boden, in Kippenböden mit pH 2,5 bis zu 100 mg KCl-lösliches Aluminium gefunden.

Резюме

1. Описывается метод, при помощи которого можно определить алюминий, содержащийся в почвенных вытяжках, используя для этого раствор хлористого калия 0,1 n. Поглощение света (λ = 530 nm) красочным лаком, образованным при помощи ализарина красного S в аммиачном растворе после подкисления буфером из ацетата аммония уксусной кислоты (Essigsäure-Ammoniumazetat-Puffer) было измерено в фотометре.
2. Исследование влияния других ионов на определение алюминия показало, что в почвенных вытяжках определению мешает Mn, а в специальных случаях — Fe и Ca, чего можно избежать особыми мерами.
3. Метод с достоверностью позволяет доказать наличие 0,1 мг Al в 100 г почвы. Свыше pH 4,7 нельзя было установить растворимого алюминия в KCl-вытяжках песчаных почв. В песчаных почвах с показателем pH около 4 было отмечено 1—3 мг Al в 100 г почвы, в почвах на выбросах буроугольных разработок с показателем pH 2,5— до 100 мг растворимого алюминия.

Summary

1. A method is described where aluminium can be determined, which is contained in the extractions of soil with a normal 0,1 solution of potassium chloride. The absorption of light (λ = 350 nm) of the colouring lacquer made of alizarin-red S in ammoniacal solution is measured in the photometer after the acidulating with a buffer of acetic acid — ammonium acetate.
2. A study of the influences of other ions on the determination showed that in the extractions of soil only Mn and in special cases Fe and Ca hinder, what can be avoided by special measures.
3. This method allows to prove still clearly 0,1 mg Al in 100 g of soil. Above pH 4,7 no soluble aluminium could be proved in the KCl extractions of sandy soils. In sandy soils with about 4 pH 1 to 3 mg Al in 100 g soil and in soils thrown on the open cast with pH of 2,5 up to 100 mg KCl soluble aluminium were found.

Aus dem Institut für Landwirtschaftliches Versuchs- und Untersuchungswesen Jena
der Deutschen Akademie der Landwirtschaftswissenschaften zu Berlin
(Direktor: Prof. Dr. h. c. F. KERTSCHER)

W. SCHÖNHERR

Die Wirkung mehrjähriger Abwasserberegnung in Verbindung mit einer zusätzlichen organischen und mineralischen Düngung auf Pflanzenbestand und Leistung einer Wiese (Arrhenatheretum)[1]

— Siebenjährige Versuchsergebnisse —

Eingegangen: 2. 6. 1959

Die vorliegenden Untersuchungen sollen die vom acker- und pflanzenbaulichen Standpunkt aus ungelösten Fragen über die Verregnung von städtischen Abwässern auf Wiesen mit schwereren Böden klären. Um die Zusammenhänge zwischen Zusammensetzung der Narbe und Leistung herauszustellen, wird bei den Untersuchungen besonderes Augenmerk gelegt

1. auf die Zusammensetzung der Narbe und
2. auf den Grünmasseertrag sowie den Ertrag und Gehalt an Trockensubstanz, Rohprotein, Rohfaser, Phosphorsäure, Kali und Kalk.

Bisher erschienene Literatur

Die bisher erschienene Literatur über die Abwasserberegnung auf Grünland ist relativ gering. Eine größere Anzahl Arbeiten befassen sich dagegen mit der Reinwasserberegnung [KREIL (28), HOHMANN (16), SCHUMACHER (39), TIEMANN und MÜLLER (44), FRÖLICH (12), LANG (30), MARTINY (31), BORCHARD (3), BENJAMIN, JONES und HOWARD (2) u. a.].

Zwischen der Verwendung von Abwasser und Reinwasser bestehen grundsätzliche Unterschiede. Diese beruhen hauptsächlich auf der komplexen Wasser- und Nährstoffwirkung des Abwassers, auf einer möglichst ganzjährigen Abwasserabnahme durch die Landwirtschaft, und schließlich spielen beim Abwasser hygienische Gesichtspunkte eine Rolle (42). Allein die Nährstoffwirkung des Abwassers läßt darauf schließen, daß bei Abwasserberegnung andere Ergebnisse als bei der Reinwasserberegnung zu erwarten sind. Das Grünland wird von vielen Autoren als die abwasserdankbarste Kultur bezeichnet [SCHWARZ (40, 41), KREUZ (29), ZUNKER (48), RUTHS (35), ENGEL (8)].

Mehrjährige Freilandberegnungsversuche mit Abwasser, bei denen die Zusammenhänge zwischen Pflanzenbestand, Ertragsleistungen und Güte des Futters untersucht wurden, sind auf Wiesen bisher nicht bekannt geworden. Bei den Versuchen von FRECKMANN, BROUWER und BORCHARD (11) setzte infolge technischer Störungen nach einem Jahr die Beregnung aus; deshalb konnten die Arbeiten nicht fortgesetzt werden. KLEMM (23), FEHRENDT (10) und GEITH (14) führten Beregnungsversuche auf Weiden durch, hatten aber keine unberegneten Vergleichskoppeln. ZUNKER (49) untersuchte das beregnete Wiesengras auf seinen Nähr-

[1] Die Untersuchungen wurden im Rahmen eines Forschungsauftrages (verantwortlicher Bearbeiter: Dr. G. SCHMAUDER) durchgeführt.

stoffgehalt, ließ aber die botanische Zusammensetzung des Pflanzenbestandes außer acht. NEWRZELLA (33) berichtet über einen einjährigen Bewässerungsversuch, in dem das Futter auf seinen Eiweißgehalt untersucht wurde. Außerdem finden sich in der Literatur verstreut Angaben über Erträge mit Abwasser beschickter Grünlandflächen, bei denen keine unbewässerten Vergleichsflächen vorhanden waren und sich die Ermittlungen nur über kurze Zeiträume erstreckten. Kurzfristige Ertragsermittlungen ohne Berücksichtigung der botanischen Bestandszusammensetzung und des Nähr- und Mineralstoffgehaltes des Futters vermögen aber kein Bild über das Leistungspotential des Abwassers zu geben. Genaue Aussagen können erst auf der Grundlage systematischer, zusammenhängender und mehrjähriger Versuche vorgenommen werden.

Versuchsgrundlagen

Anlage des Versuches

Die Versuchsfläche befindet sich 7 km nördlich von Rudolstadt in der Saaleaue, etwa 500 m von der Saale entfernt, Höhenlage 178 m über NN. Die Fläche hatte noch niemals Abwasser erhalten.

Der Versuch lief von 1952 bis 1958 und kam als Spaltanlage (split plot) mit folgenden drei Faktoren zur Durchführung:

1. Beregnung (Großteilstücke)
2. Organische Düngung (Mittelteilstücke)
3. Mineralische Düngung (Kleinteilstücke)

Zu 1:

Zur Untersuchung kamen zwei Beregnungsweisen, eine schwache zu 30 mm und eine starke zu 60 mm. Die beiden ersten Schnitte wurden jeweils zweimal, der dritte Schnitt einmal beregnet. Folglich ergibt sich bei jährlich fünfmaliger Beregnung eine Abwassermenge von 150 mm bei der schwachen und 300 mm bei der starken Gabe.

Das Einsetzen der Beregnung geschah nicht nach dem Bedarf oder nach dem Kalender, sondern in Abhängigkeit vom Wuchsstadium. So kam es, daß Beregnungsgaben auch in Zeiten mit reichlichen natürlichen Niederschlägen fielen. Daß sich die Beregnungsgaben der sieben Versuchsjahre zeitlich deckten, war von vornherein nicht beabsichtigt.

In Anlehnung an die von BROUWER (4) für Reinwasser ermittelten Termine wurde die erste Gabe 4 bis 5 Wochen und die zweite Gabe 2 bis 3 Wochen vor der Mahd verabreicht. Somit betrug der Abstand zwischen den beiden Gaben und zwischen der letzten Gabe und dem Schnitt etwa 14 Tage.

Zu 2:

Die organische Düngung wurde in Form von Stapelmist bzw. Erdmist alljährlich nach dem ersten Schnitt gegeben, um gleichzeitig die Sonnenschutzwirkung auszunutzen. Die Gabe betrug 200 dt/ha, außer 1956 und 1957, wo 150 dt je ha verabreicht wurden. Von dem verabreichten Stallmist ist nichts von den Parzellen entfernt worden, so daß die gesamte organische Düngung in die Grasnarbe „eingewachsen“ bzw. vom Boden verarbeitet wurde. Mit diesen Stallmistgaben sind der

Wiese im Durchschnitt der Versuchsperiode jährlich an Reinnährstoffen in kg/ha zugeführt worden:

$$N = 69$$
$$P_2O_5 = 63$$
$$K_2O = 162^1$$

Zu 3:

In allen Versuchsjahren, außer 1957 und 1958, wurden 500 kg CaO je ha (verschiedene Formen, die auf CaO umgerechnet wurden) verabreicht. Die P_2O_5-Gabe betrug in jedem Versuchsjahr 60 kg/ha und wurde in Form von Superphosphat gegeben. Um unnötige Auswaschungsverluste durch folgende Beregnungsgaben zu vermeiden, wurde der Kalk nach beendeter Beregnungsperiode im Spätherbst oder Winter gestreut.

Darüber hinaus erhielten alle Versuchsparzellen eine als ortsüblich zu bezeichnende mineralische Grunddüngung. Sie betrug in kg Reinstickstoff je ha:

1952	1953	1954	1955
30	40	60	30

Tabelle 1
Korngrößenzusammensetzung des Versuchsbodens
Mittel von 24 Schlämmanalysen
(Spülmethode KOPECKY/KRAUSS)

Tiefe der Probenahme cm	Fraktion: Abschlämmbare Teilchen (Schluff und Ton) < 0,02 Gew.-%	Staub 0,02–0,05 Gew.-%	Staubsand 0,05–0,1 Gew.-%	Feinsand 0,1–0,2 Gew.-%	Grobsand 0,2–2,0 mm Gew.-%
0–20	35,56	15,93	14,06	19,49	14,96
20–50	31,47	19,40	19,46	18,25	11,42
50–70	31,23	19,12	22,66	18,61	8,38

Tabelle 2
Durchschnittliche Ausgangswerte nach der NEUBAUER-Analyse,
pH-Zahlen, Natrium- und Chlorgehalt sowie Glühverlust

Tiefe der Probenahme cm	P_2O_5 mg	K_2O mg	pH-Zahl in KCl	Na %	Cl %	Glühverlust %
0–20	1,5	21,2	6,3	0,054	0,005	4,49
20–40	0,2	9,7	7,3	0,056	0,005	3,50
50–70	0,1	8,3	7,6	0,065	0,005	3,20
Anzahl der Proben	36	36	36	6	6	36

[1] Die Ergebnisse der K_2O-Untersuchung 1952 konnten nicht verwendet werden.

Ab 1956 kam der Stickstoff in Wegfall, da sich die Gaben als zu reichlich erwiesen. Die Phosphorsäuregrunddüngung betrug bis zum Jahre 1955 jährlich 90 kg, ab 1956 60 kg und die Kalidüngung 120 kg je ha in jedem Versuchsjahr. Für das Ausmaß der Phosphorsäuredüngung waren die äußerst niedrigen Analysenwerte zu Versuchsbeginn bestimmend.

In Übereinstimmung mit der Beregnung ergab sich als zweckmäßigste Parzellengröße ein Rechteck von 5 × 6 Metern = 30 m² Erntefläche. Um ein Übergreifen der Beregnung auf unberegnete Teilstücke zu verhindern, blieb zwischen den Großteilstücken ein 6 m breiter Trennstreifen unbehandelt. Die Versuchsfläche wurde jährlich im Frühjahr abgeschleppt und gewalzt.

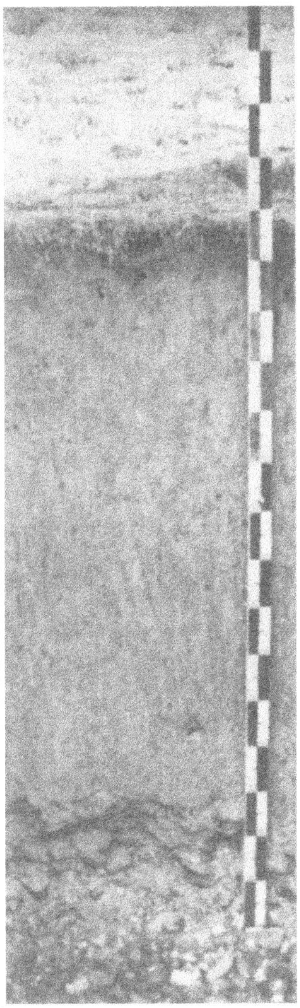

Abb. 1

Der Boden

Der Boden des Versuchsfeldes zeigt einen ziemlich einheitlichen Auelehmcharakter, der sowohl Anklang an den Muschelkalk und Sand der Saalehänge als auch an Löß aufweist. An der Oberfläche ist lößiger Lehm entwickelt, der bis zu einer Tiefe von 0,70 bis 1,60 m reicht. Die obersten 25 cm sind als humoser lößiger Lehm von dunkelbrauner Farbe und gutem Krümelzustand zu bezeichnen. In wechselnder Tiefe, von 0,70 bis 1,60 m ab, folgt sandiger oder schluffiger Ton. Unter dieser wechselnd tonig-lehmigen oder tonig-sandigen Ausbildung lagern von 1,15 bis 2,20 m Tiefe ab die stark wasserführenden Sande und Kiese der Saaleaue (Abb. 1). Ab 75 cm Tiefe sind deutliche Anzeichen eines Grundwasserhorizontes zu erkennen. Der Boden ist auffallend dichter gelagert als der darüber liegende A-Horizont und weist kleine, bis einige Millimeter Durchmesser erreichende Flecken (Eisen- und Manganausscheidungen) auf. Mit zunehmender Tiefe werden die Ausscheidungen von Eisen und Mangan reichlicher und der Grundwassereinfluß deutlicher.

Die Textur des Bodens und die Nährstoffverhältnisse zu Versuchsbeginn sind in Tabelle 1 und 2 dargestell

Da das Ursprungsmaterial des Bodens von Natur aus kalkreich ist, zeigt der Boden einen hohen pH-Wert. Der außerordentlich niedrige Gehalt an wurzellöslicher Phosphorsäure findet seine Erklärung in der jahrelang vernachlässigten Phosphorsäuredüngung. Die Gehalte an Kalium, Natrium und Chlor bewegen sich im normalen Bereich.

Die Grundwasserverhältnisse

Das Gelände liegt im Grundwasserbereich der Saale. Nach der Grünlandkarte von BROUWER und STÄHLIN (5) ist diese Fläche nach dem Bau der Saaletalsperren und des damit verbundenen Ausbleibens der regelmäßigen Überschwemmungen kein ausgesprochener Grünlandstandort mehr, sondern sollte ackerbaulich genutzt werden. Im Durchschnitt treffen wir auf der Versuchsfläche während der Vegetationszeit einen Grundwasserstand von 70 bis 130 cm unter der Oberfläche an. Unter den Boden- und Grundwasserverhältnissen des Versuchsfeldes kann damit gerechnet werden, daß der Boden die verabfolgten Abwassermengen zum überwiegenden Teil aufnimmt und diese somit zur Deckung des Wasserbedarfes der Pflanzen dienen können. Dementsprechend bewegen sich die Nährstoffverluste infolge Wassersickerung in geringen Grenzen.

Der Witterungsverlauf

Das 40jährige Niederschlagsmittel beträgt 536 mm und 342 mm in der Vegetationszeit (April bis September). Von den sieben Versuchsjahren sind zwei als besonders naß zu bezeichnen, nämlich 1954 mit 412 und 1956 mit 453 mm Niederschlag in der Vegetationszeit. Die übrigen fünf Jahre entsprechen ungefähr dem langjährigen Mittel.

Im 50jährigen Durchschnitt beträgt die Jahrestemperatur 7,8 °C. Insgesamt gesehen war die siebenjährige Versuchsperiode durch verhältnismäßig kühle Witterung gekennzeichnet; die Durchschnittstemperatur erreichte nicht den Wert des langjährigen Mittels.

Das Abwasser

Das zur Verregnung kommende Abwasser entstammt der Stadt Rudolstadt, deren Kanalisation nach dem Mischverfahren gebaut ist. Für eine landwirtschaftliche Abwasserverwertung interessiert neben der reinen Wasserwirkung vor allem der Gehalt an Nährstoffen und humusbildenden Substanzen sowie der Gehalt an Chlor und Natrium. Deshalb wurde das Abwasser bei jeder Beregnung unmittelbar über dem Boden aufgefangen und auf seinen Gehalt an diesen Stoffen untersucht (Tab. 3). Damit ist die Gewähr gegeben, daß die enthaltenen Nährstoffe tatsächlich dem Boden zugeführt wurden. Zum Vergleich sind die Analysenwerte von FEHREND, SCHWARZ und ZUNKER mit angeführt.

Tabelle 3
Durchschnittsgehalt in g je Kubikmeter

	Rudolstadt	FEHREND Jena	SCHWARZ Neustrelitz	ZUNKER Breslau
N	56	52	55	71,8
P_2O_5	11	7,9	8	19,8
K_2O	30	25,8	34	49,6
CaO	177	158	110	110,7
Na_2O	175	171	110	—
Cl	119	104	110	—
Glühverlust	331	203	540	—
Tr.-Rückstand	1051	916	—	—
pH-Zahl	7,8	—	7,9	—

In Tabelle 4 sind die Nährstoffmengen wiedergegeben, die dem Boden in der Versuchsperiode durch das Abwasser zugeführt worden sind. Sie errechnen sich aus den bei jeder Beregnung gefundenen Gehaltszahlen, multipliziert mit der verabreichten Abwassermenge.

Tabelle 4
Reinnährstoffe in kg/ha

	schwache Gabe		starke Gabe	
	1952—1958	Jahres-durchschnitt	1952—1958	Jahres-durchschnitt
N	423	60	874	125
P_2O_5	100	14	202	29
K_2O	270	39	543	78
CaO	1798	257	3648	521
Cl	1118	160	2254	322
Na_2O	1516	217	3036	434
Organische Subst.	2580	369	5192	742
Gabe in mm	1005	143	2035	290

Diese Nährstoffmengen können zwar infolge des verschiedenen Ausnutzungsgrades nicht voll in Ansatz gebracht werden. Trotzdem sind sie bei der Bewertung des Abwassers von entscheidender Bedeutung. So wird beim Vergleich einer Abwassergabe von 300 mm mit einer Jauchegabe von 300 hl/ha dem Boden mit dem Abwasser nahezu die dreifache Stickstoff- und die zehnfache Phosphorsäuremenge, aber nur die reichliche Hälfte der Kalidüngung zugeführt.

Die Zusammensetzung des Pflanzenbestandes

Nach KLAPP (17, 18, 19) und WACKER (45) wurde der Anteil der einzelnen Arten an der tatsächlich vorhandenen Pflanzenmasse ermittelt, und zwar 1954 bis 1956 durch Wägung (über die Trockensubstanz) und 1957 und 1958 durch Schätzung.

Vor der Besprechung der Ergebnisse ist auf einige Gesichtspunkte besonders hinzuweisen. Die Grasnarbe wird von Pflanzen der verschiedensten Lebensansprüche gebildet und stellt somit einen „Mischtyp“ von unbegrenzter Wandlungsfähigkeit dar. In vielen Arbeiten [ELLENBERG (9), BRÜNNER (6), RAABE und THOMSEN (34), SCHULZE (38), SCHUMACHER (39), KLAPP (20) u. a.] ist bewiesen worden, daß auch auf dem Grünland eine Art „Fruchtfolge“ herrscht. Den entscheidenden Einfluß üben hierbei die klimatischen Faktoren aus. Eine weitere Ursache ist das Vorhandensein von Stickstoffsammlern und Nichtstickstoffsammlern. So können auf derselben Fläche in mehreren Jahren die Leitgräser wechseln, oder es kommt zu einer periodischen Zu- oder Abnahme des Leguminosenanteiles, Vorgänge, die auf die Erhaltung der Leistungsfähigkeit des Bestandes einen großen Einfluß haben.

Bei der Darstellung der Beregnungswirkung wird die Bestandeszusammensetzung der beregneten und unberegneten Flächen einander gegenübergestellt. In der Literatur wird bei botanischen Analysen oft nur der Jahresdurchschnitt oder das Ergebnis einer einzigen Aufnahme im Jahre mitgeteilt, und die einzelnen Versuchsjahre werden miteinander verglichen. Infolge der Verzahnung der auf die Pflanzen einwirkenden Faktoren ist die mengenmäßige Zusammensetzung des Bestandes bei den verschiedenen Schnitten innerhalb eines Jahres erheblichen Schwankungen unterworfen. Deshalb wird das Ergebnis der Bestandsanalysen schnittweise dargestellt und durch das Jahresmittel ergänzt.

Einige Bemerkungen zum Pflanzenbestand vom ersten bis zum vierten Versuchsjahr: In den ersten drei Jahren lassen sich keine wesentlichen Bestandsveränderungen durch die Beregnung nachweisen. Die Verschiebungen waren witterungsbedingt und zeigten sich auf den unberegneten Parzellen ebenso wie auf den beregneten. Als unmittelbare Beregnungswirkung ergab sich lediglich ein üppigerer Wuchs. Erst ab viertem Versuchsjahr waren zwischen beregneten und unberegneten Parzellen deutliche Unterschiede zu erkennen, die sich in den folgenden Versuchsjahren in der gleichen Richtung weiter verstärkten. Aus diesem Grunde erfolgt die Darstellung der Versuchsergebnisse aus den letzten drei Versuchsjahren. Es ist sehr wahrscheinlich, daß bei Vermeidung der Stickstoffgrunddüngung von Versuchsbeginn ab wesentlich früher eine Umwandlung des Pflanzenbestandes stattgefunden hätte.

Will man die Versuchswiese pflanzensoziologisch eingliedern, so muß sie dem Verband der Fettwiesen (Arrhenatherion) und in weiterer Unterteilung nach KLAPP (19) der wechselfeuchten Glatthafer-Fettwiese, Arrhenatheretum elatioris Subass. *Silaum silaus*, zugeordnet werden.

Die Bestandsveränderungen als Folge der Beregnung

Wie aus den Abbildungen 2 bis 4 zu ersehen ist, verändert sich das Verhältnis der Artengruppen (Gräser, Leguminosen, Kräuter) in allen drei Schnitten in Richtung einer ständigen Verschlechterung des Bestandes. Die Hauptwirkung besteht in der starken Verdrängung der Leguminosen, auf deren Kosten bis zum sechsten Versuchsjahr die Kräuter und Gräser und im siebenten Versuchsjahr nur noch die Kräuter zunehmen. Die beiden Beregnungsweisen unterscheiden sich in ihrer Wirkung nur wenig.

Der relativ hohe Leguminosenanteil auf den unberegneten Flächen ist vornehmlich auf die reichliche Kaliphosphatdüngung (Grund- bzw. Zusatzdüngung) zurückzuführen, die aber auf den beregneten Flächen das Absinken dieser Artengruppe nicht verhindern konnte. Bei Gegenüberstellung der ersten Schnitte von 1952 und 1956—1958 (die allein vergleichbar sind) weist 1952 einen wesentlich geringeren Anteil an Leguminosen auf. Der Grund dafür ist zweifellos die damalige Düngerknappheit, die keine ausreichende Nährstoffversorgung der Wiese zuließ.

Die Kalk- und Phosphorsäuredüngung hat sich auf den Pflanzenbestand nicht auswirken können; sie wurde von der Beregnung vollkommen maskiert.

Die Pflanzen im einzelnen

Die Gräser

Knaulgras (*Dactylis glomerata* L.): Dieses Gras tritt im ersten Schnitt 1956 — wie auch in den Vorjahren — beherrschend auf. Die Abnahme im zweiten und dritten Schnitt 1956 ist nicht beregnungsbedingt, da sie auf den unberegneten Parzellen in der gleichen Stärke zu beobachten ist. Die Ursache dieses Verhaltens dürfte in den feuchten Witterungsverhältnissen dieses Jahres zu suchen sein, die das verträgliche Maß überschritten. Demnach hätte die Abwassergabe den Knaulgrasanteil weiter

Abb. 2: Zusammensetzung des Pflanzenbestandes nach 5jähriger Beregnung mit städtischem Abwasser (in %)

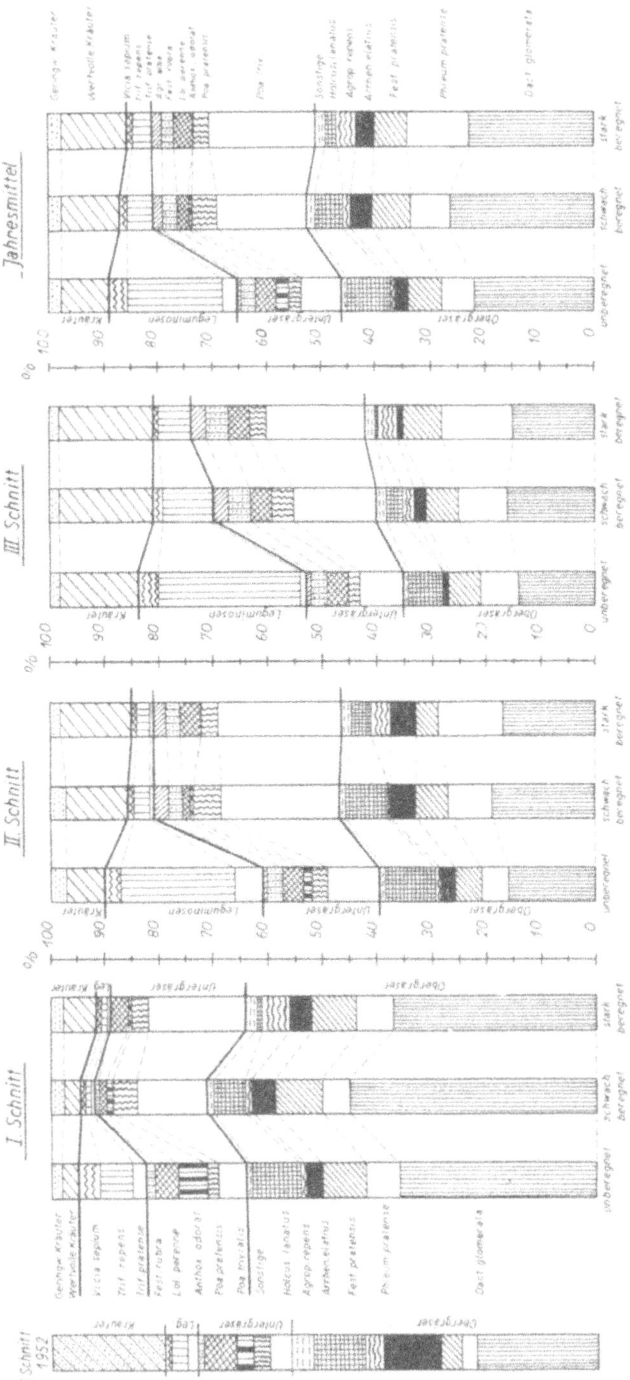

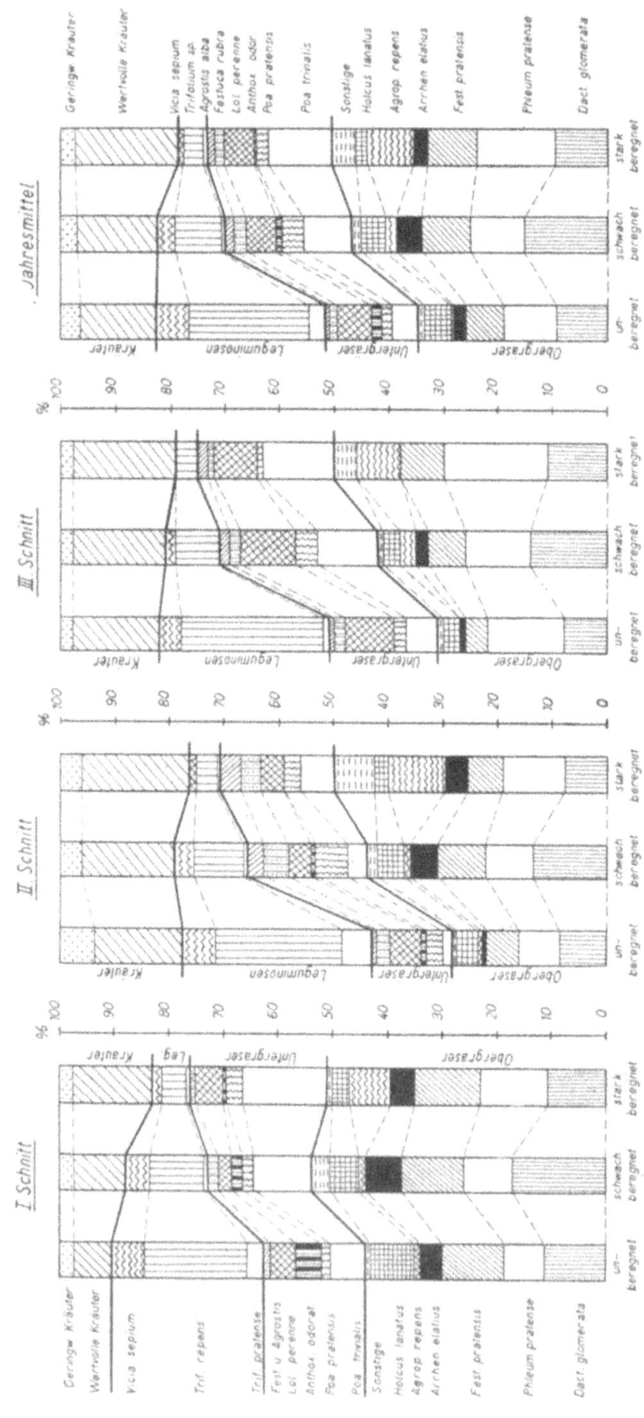

Abb. 3: Zusammensetzung des Pflanzenbestandes nach 6jähriger Beregnung mit städtischem Abwasser (in %)

Abb. 4: Zusammensetzung des Pflanzenbestandes nach 7jähriger Beregnung mit städtischem Abwasser (in %)

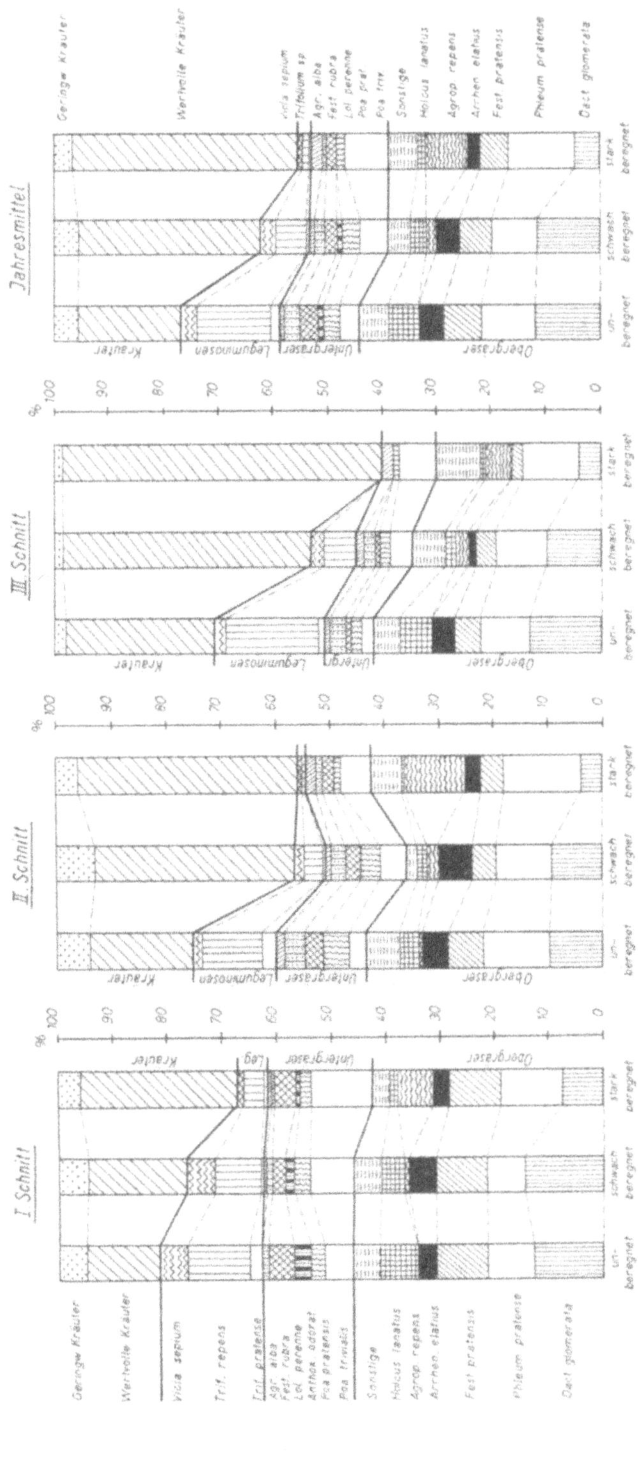

vermindern müssen. Das war aber nicht der Fall, weil der Stickstoffgehalt des Abwassers den ungünstigen Einfluß des Wasserwertes des Abwassers wieder aufhob.

Lieschgras (*Phleum pratense* L.): Die Vermehrung des Lieschgrases gegenüber dem Ausgangsbestand 1952 ist vor allem auf die bessere Düngung zurückzuführen. Dieses widerstandsfähige Gras dankt Stickstoff wie kein zweites. Sein Anteil nimmt auf den beregneten Parzellen in jedem Schnitt zu. Es macht einen sehr kräftigen Eindruck, zeigt bei den reichlichen Nährstoff- und Feuchtigkeitsverhältnissen ein gutes Nachwuchsvermögen und findet auf den beregneten Parzellen den optimalen Standort.

Wiesenschwingel (*Festuca pratensis* Huds.): Dieses Obergras ist am Bestand nicht allzu stark beteiligt. Sein Anteil wird weder in den einzelnen Schnitten noch durch die Beregnung in nennenswertem Umfange verändert.

Glatthafer (*Arrhenatherum elatius* M. et K.): Gemessen am Ausgangsbestand ist eine deutliche Abnahme zu verzeichnen. Dies dürfte auf die kalte und feuchte Witterung in der Versuchsperiode zurückzuführen sein. In einigen Schnitten nimmt der Anteil des Glatthafers auf den beregneten Parzellen etwas zu, was auf große Düngerdankbarkeit schließen läßt.

Quecke (*Agropyrum repens* P. B.): Sie wird durch die Beregnung ganz eindeutig gefördert. Am stärksten ist ihre Zunahme auf den stark beregneten Parzellen. Dort tritt sie meist nesterweise auf und bildet einen kräftigen, robusten Bestand, der innerhalb seines Bereiches kaum andere wertvolle Nutzpflanzen zur Geltung kommen läßt. Trotz ihres Verdrängungsvermögens bleibt ihre Massenleistung weit hinter guten Gräsern zurück. Die unerwünschte Ausbreitung wird am besten durch Weidegang eingeschränkt.

Wolliges Honiggras (*Holcus lanatus* L.): Dieses geringwertige Gras tritt auf allen unberegneten Parzellen ziemlich stark auf. Durch die schwache Beregnung wird sein Anteil eingeschränkt. Auf den stark beregneten Parzellen wird es fast ganz verdrängt.

Gemeine Rispe (*Poa trivialis* L.): In dem sehr niederschlagsreichen fünften Versuchsjahr ist ihr Anteil besonders hoch. Sie findet auf den mit Abwasser beschickten Flächen ihren optimalen Standort. Durch ihren dichten Wuchs unterdrückt sie den Klee und fast alle anderen Untergräser. Bei genügender Feuchtigkeit tritt ihr sonst geringes Nachwuchsvermögen weniger in Erscheinung. In der Tat ist *Poa trivialis* eines der wichtigsten Gräser auf den Wiesen und Weiden im Rudolstädter Abwässerverwertungsgebiet. Je nach Menge des aufgebrachten Abwassers nimmt sie bis zu 70% des Bestandes ein. Ihr spezifischer Nachteil besteht in der Ausbildung eines ungemein dichten Blattfilzes auf der Bodenoberfläche. Dadurch ist sie auch für Sense und Grasmäher schwer faßbar.

Wiesenrispe (*Poa pratensis* L.): Die Ausbreitung dieses wertvollen Untergrases wird durch die Gemeine Rispe gehemmt. Letzterer sagen die Wachstumsbedingungen unter Abwasserzufuhr mehr zu.

Wiesenruchgras (*Anthoxanthum odoratum* L.): Obwohl eine reichliche Grunddüngung verabreicht wurde, ist dieses minderwertige Gras im ersten Schnitt auf den unberegneten Parzellen in bemerkenswertem Umfange vertreten. Durch die Beregnung verschwindet es fast vollständig. Infolge seines geringen Nachwuchsvermögens fehlt es im zweiten und dritten Schnitt.

Deutsches Weidelgras (*Lolium perenne* L.): Als ausgesprochenes Trittgras ist sein Anteil am Bestand gering. Auf dem lockeren Boden kann es sich gegenüber den anderen Partnern nicht durchsetzen. Durch die Beregnung wird es weder nennenswert gefördert noch gehemmt.

Rotschwingel (*Festuca rubra* L.): Das vielseitige Gras ist am Bestand nur schwach beteiligt. Mit fortschreitender Jahreszeit nimmt sein Anteil etwas zu. Gegenüber der Beregnung verhält sich der Rotschwingel neutral.

Weißes Straußgras (*Agrostis alba* L.): Das Gras entwickelt sich erst im zweiten und dritten Schnitt stärker, aber auch nur auf den beregneten Parzellen. Es verträgt Abwasserzufuhr gut, unterliegt aber auf diesem Standort der Gemeinen Rispe und kann sich deshalb nicht über ein bestimmtes Maß hinaus vermehren.

Außer den genannten Gräsern sind noch vorhanden:. *Alopecurus pratensis* L., *Lolium multiflorum* Lam., *Avena pubescens* L., *Aira caespitosa* L., *Bromus mollis* L., *Cynosurus cristatus* L. und *Luzula campestris* DS. Ihre Anteile am Bestand sind jedoch gering. Deshalb können aus ihrem Verhalten keine Schlüsse gezogen werden.

Die Leguminosen

Weißklee (*Trifolium repens* L.): Er macht den Hauptanteil der Leguminosen aus. Durch die Beregnung wird er sehr stark unterdrückt. Die Ursache dafür ist in der Wirkung des Abwasserstickstoffs zu suchen (s. Tab. 4), welcher einseitig die Gräser fördert, so daß die Weißkleepflanzen infolge Licht- und Luftmangel verkümmern. Unter den Bedingungen der dauernd kurzgehaltenen Weide oder Mähweide ist nicht mit einer derartigen Abnahme des Weißklees zu rechnen. Das beweisen die umliegenden regelmäßig beregneten Etzelbacher und Kirchhaseler Weiden, auf denen während der ganzen Vegetationsperiode ein genügend hoher Weißkleeanteil vorhanden ist.

Trifolium pratense L. und *Vicia sepium* L. sind auf den unberegneten Parzellen reichlich vertreten. Sie werden durch die Beregnung in einem ähnlichen Maße verdrängt wie der Weißklee.

Die Kräuter

Als Grundlage für die Einteilung der Kräuter in zwei Gruppen dienten die Arbeiten von KÖNIG (27) und die Zusammenstellung von KLAPP (20).

1. Wertvolle Kräuter:

Plantago lanceolata	*Anthriscus silvestris*
Achillea millefolium	*Silaum silaus*
Tragopogon pratensis	*Rumex acetosa*
Crepis biennis	*Taraxacum officinale*
Pimpinella magna	*Leontodon autumnalis*
Sanguisorba officinalis	*Leontodon hispidus*
Heracleum sphondylium	

2. Geringwertige Kräuter:

Bellis perennis	*Centaurea jacea*
Cerastium caespitosum	*Knautia arvensis*

Ajuga reptans	*Daucus carota*
Prunella vulgaris	*Veronica chamaedrys*
Ranunculus acer	*Ranunculus repens*
Galium mollugo	*Rumex crispus*
Linum catharticum	*Rumex obtusifolius*
Cardamine pratensis	*Lychnis flos cuculi*
Polygonum bistorta	

Die wertvollen Kräuter nehmen mit fortschreitender Jahreszeit auf der ganzen Versuchsfläche zu. Gleichzeitig steigt ihr Anteil auf den beregneten Parzellen. Der Hauptanteil besteht aus Bärenklau (*Heracleum sphondylium*). Geringer ist der Anteil des Wiesenkerbels (*Anthriscus silvestris*). An dritter Stelle steht der Gemeine Löwenzahn (*Taraxacum officinale*). Die Massenbildung der restlichen Kräuter ist sehr gering. Sie verteilen sich als Einzelpflanzen über die Fläche. Somit sind es die typischen Jaucheunkräuter, die bei reichlicher Stickstoffdüngung und lockerem Boden ihren optimalen Standort finden. Sie unterdrücken alle anderen Kräuter derart, daß diese auf den beregneten Parzellen nur noch in Spuren am Bestand beteiligt sind.

Der verhältnismäßig geringe Krautanteil des ersten Schnittes ist auf den geringeren Anteil des Spätblühers Bärenklau zurückzuführen. Dieser besteht zur Zeit des ersten Schnittes nur aus jungen Blättern mit einem relativ niedrigen Trockensubstanzgehalt. Der Anteil an Bärenklau nimmt aber nicht nur mit fortschreitender Jahreszeit, sondern auch mit der Länge der Versuchsdauer zu. Nach siebenjähriger Beregnungszeit hat der Anteil dieses Doldenblütlers jedes zumutbare Maß überschritten. Auch das Auftreten von Wiesenkerbel bewegt sich nicht mehr im Bereich des Erträglichen, wenn sein Anteil gegenüber dem Bärenklau auch geringer ist. Dagegen ist der Anteil an Löwenzahn noch zu verschmerzen. Da das Zurückdrängen der Doldenblütler am besten über Weidenutzung möglich ist, wird der Übergang zur Mähweide erforderlich. Zu dem Vorherrschen des Bärenklaues ist zu bemerken, daß durch das Abweiden des dritten Schnittes bereits eine — wenn auch sehr bescheidene — Maßnahme gegen sein Auftreten wirksam gewesen ist.

Die geringwertigen Kräuter nehmen nur einen geringen Anteil am Gesamtbestand ein und werden durch die Beregnung nicht nennenswert beeinflußt.

Die Moose

Sie sind auf den unberegneten Parzellen etwas stärker verbreitet als auf den beregneten. Auf letzteren werden sie durch den üppigeren Wuchs der Nutzpflanzen schneller verdrängt. Allgemein gilt: Nachdem die Moose im Sommer unter dem dichten Bestand ein Kümmerdasein gefristet haben, beginnen sie im Herbst und Winter die entstehenden Lücken zu besiedeln. Zu Vegetationsbeginn sind sie am stärksten verbreitet. In demselben Maße wie sich die Nutzpflanzen entwickeln treten die Moose wieder zurück. An Arten treten auf:

Brachythecium rutabulum Br. eur.,
Eurhynchium Swartzii Cur.,
Amblystegium Kochii Br. eur.,
Cratoneurum filicinum Loeske.

Die Lücken

Der Lückenanteil wurde nach KLAPP (18, 21) auf der ganzen Parzelle geschätzt, um Vergleichswerte zu erhalten. Im Mittel aller Untersuchungen ergaben sich im Jahresdurchschnitt nachstehende Werte (in %):

	unberegnet	schwach beregnet	stark beregnet
Lücken	14	10	11

Die beregneten Parzellen weisen eine etwas größere Narbendichte auf als die unberegneten. Die Unterschiede sind jedoch zu gering, um daraus Schlüsse auf die Leistungsfähigkeit der Wiese ziehen zu können. Beim Vergleich der drei Schnitte weist der dritte Schnitt den höchsten Lückenanteil auf, weil im Herbst die Wachstumsintensität nachläßt.

Bewertung des Pflanzenbestandes

Das entscheidende Kriterium eines Grünlandbestandes ist sein Futterwert. Um diesen zahlenmäßig ausdrücken zu können, wird in der folgenden Zusammenstellung der Futterwert des beregneten und unberegneten Aufwuchses im letzten Versuchsjahr nach den von KLAPP, BOEKER, KÖNIG und STÄHLIN (22) herausgegebenen Wertzahlen errechnet.

	1. Schnitt	2. Schnitt	3. Schnitt	Gesamternte
unberegnet	6,18	6,38	6,32	6,29
schwach beregnet	6,12	5,92	6,06	6,03
stark beregnet	6,24	5,11	5,78	5,71

Die Wertzahlen zeigen deutlich den abfallenden Futterwert des beregneten Aufwuchses. Bei dem Massenauftreten des Bärenklaues ist aber die Wertzahl 5 für diesen Doldenblütler zu hoch, so daß der Futterwert geringer einzuschätzen ist als es die Zahlen ausweisen. Letzten Endes entscheidet darüber der tatsächliche Fütterungserfolg.

Zusammenfassend verhalten sich die einzelnen Pflanzenarten:

Gefördert wurden von den Gräsern:

Phleum pratense — *Poa trivialis*
Agropyrum repens — *Agrostis alba*

Gefördert wurden von den Kräutern:

Heracleum sphondylium — *Taraxacum officinale*
Anthriscus silvestris

Verdrängt wurden von den Gräsern:

Holcus lanatus — *Anthoxanthum odoratum*

Verdrängt wurden von den Leguminosen:

alle vorhandenen
Trifolium repens — *Trifolium pratense*
Vicia sepium

Nicht oder kaum beeinflußt wurden:

Dactylis glomerata	*Lolium perenne*
Festuca pratensis	*Festuca rubra*
Arrhenatherum elatius	Moos- und Lückenanteil
Poa pratensis	

Die Leistung

Bei der Besprechung der Ertragsleistungen wird zuerst die Wirkung der drei Faktoren (Hauptwirkung) untersucht, wie sie sich aus der varianzanalytischen Auswertung nach der Spaltmethode ergibt. Die Nährstoffgehalte beziehen sich bei der organischen und mineralischen Düngung in einigen Jahren nur auf den ersten und zweiten Schnitt. Danach wird die Wirkung zwischen der Beregnung einerseits und der Stallmistdüngung bzw. mineralischen Düngung andererseits (Wechselwirkung) behandelt.

Grünmasse

Abbildung 5 enthält die Grünmasseerträge in den einzelnen Versuchsjahren[1]. Überraschenderweise zeigt sich, daß in Jahren mit reichlichen natürlichen Niederschlägen, in denen die Erträge auf den unberegneten Flächen hoch liegen, durch das Abwasser noch eine beachtliche Ertragssteigerung erzielt wird.

Im Durchschnitt der Versuchsperiode bringt die schwache Gabe einen gesicherten Mehrertrag von 18%, die starke Gabe einen solchen von 28% (Abb. 6). Demnach erhöht die Jahresgabe von 300 mm gegenüber derjenigen von 150 mm den Ertrag um 10%. Wenn auch der Beregnungseffekt der starken Gabe abnimmt, so ist diese Steigerung doch von Bedeutung; denn in den sechs Versuchsjahren sind zwei Vegetationsperioden mit weit über dem Durchschnitt liegenden Niederschlägen enthalten, in denen auf dem Versuchsfeld ein ständiges Überangebot an Wasser herrschte und der Wasserwert des Abwassers kaum zur Geltung kommen konnte. Hinzu kommt, daß die in den ersten Versuchsjahren verabreichte Stickstoffdüngung, die auch zu den unberegneten Parzellen gegeben wurde, die Wirkung des Abwasserstickstoffs weniger deutlich in Erscheinung treten ließ.

Abb. 5 Grünmasse-Erträge 1953–1958

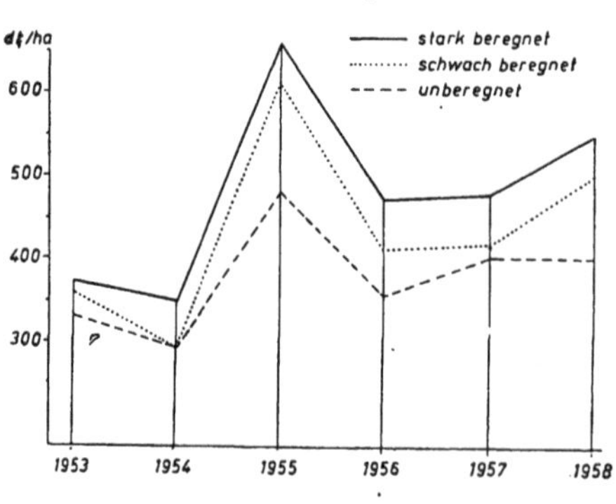

Die Stallmistdüngung führt zu einer gesicherten Ertragssteigerung von 10% gegenüber „ohne Stallmist". Die zusätzliche Gabe von 60 kg/ha P_2O_5 (in den ersten Versuchsjahren 90 kg/ha, (s. S. 62) blieb auf den Grünmasseertrag ohne Wirkung. Die Kalkdüngung ist bei einem Minderertrag von 2% gegenüber „ungedüngt" gesichert unterlegen. Damit wird die von WEHSARG (46) und KLAPP (20) vertretene Auffassung, daß eine Kalkung nicht kalkbedürftigen Grünlandes ungünstig ist, bestätigt.

[1] Die Auswertung der Erträge (Grünmasse, Trockensubstanz, Rohprotein, Rohfaser) ist erst ab 1953 möglich, da die endgültige Parzelleneinteilung erst im Laufe des Sommers 1952 vorgenommen wurde. Die Ergebnisse der Mineralstoffuntersuchungen beziehen sich auf die letzten drei Versuchsjahre (1956–1958).

Abb. 6 Durchschnittliche Grünmasse-Erträge 1953–58

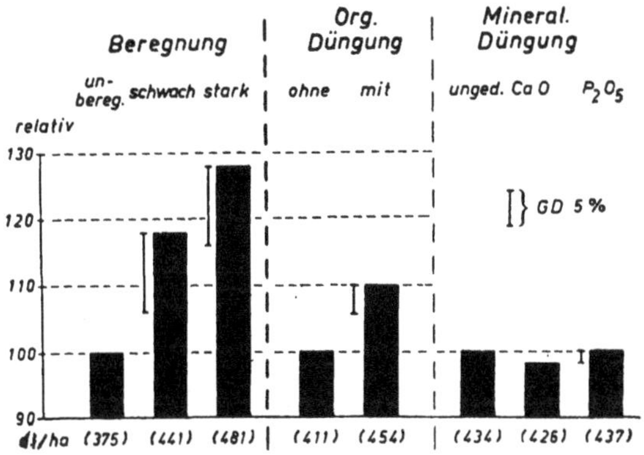

Die Wechselwirkung Beregnung/Stallmistdüngung ist nicht gesichert und aus nachstehender Zusammenstellung ersichtlich.

Grünmasseerträge in dt/ha und relativ

	unberegnet		schwach beregnet		stark beregnet	
ohne Stallmist	357,9	100	419,7	117	455,2	127
mit Stallmist	393,1	100	462,1	118	506,3	129
Steigerung durch Stallmist	35,2	10%	42,4	10%	51,1	11%

GD 5% = rel. 7

Demnach wurde durch die Beregnung der Ertrag in der Reihe „ohne" und „mit Stallmist" fast einheitlich erhöht. Gleichzeitig stieg der Ertrag durch die Stallmistdüngung in allen Beregnungsstufen, und zwar bei „unberegnet" und „schwach beregnet" um 10% und bei „stark beregnet" um 11%. Gegenüber „ohne Stallmist" wurde also der Ertrag durch die Stallmistdüngung in einem ähnlichen Maße wie durch die Beregnung erhöht.

Das Gesamtergebnis erscheint demnach ziemlich eindeutig und einheitlich in dem Sinne, daß sowohl durch die Beregnung als auch durch die organische Düngung der Grünmasseertrag erhöht wird, wobei die Beregnung bei gleichzeitiger Stallmistdüngung den Ertrag in demselben Umfange beeinflußt wie auf den stallmistfreien Flächen.

Nach KÖHNLEIN und BUSCH (24), GERICKE (15) und ZÜRN (51) beruht die Wirkung des Stallmistes vor allem auf dessen Nährstoffgehalt; auf guten Dauerwiesen sei der örtlich mögliche Höchstertrag ebenso durch eine mineralische Volldüngung zu erreichen. Bringt man die Stallmistdüngung mit der Beregnung in Verbindung, dann ergibt sich die Tatsache, daß die höchste Ertragssteigerung durch die Summenwirkung von Beregnung und Stallmist erreicht wird.

Bei der Darstellung der Wechselwirkung Beregnung/mineralische Düngung sind beide Beregnungsstufen der Deutlichkeit halber zusammengefaßt.

	ungedüngt		CaO		P_2O_5	
unberegnet	383,4	100	358,7	94	383,7	100
beregnet (Durchschnitt)	459,2	100	459,2	100	463,8	101
Steigerung durch Beregnung	75,8	20%	100,5	28%	80,1	21%

GD 5% = rel. 5

Die Kalkdüngung wirkt wechselnd. Während sie auf den unberegneten Parzellen einen bemerkenswerten Minderertrag bringt, ist auf den beregneten Parzellen keine Ertragseinbuße zu verzeichnen. Die Ertragssteigerung ist auf den Kalkparzellen mit 28% am höchsten. Das bedeutet aber keinen absoluten Mehrertrag gegenüber „ungedüngt", sondern wird verursacht durch den Ertragsabfall bei „unberegnet". Die Wechselwirkung von Phosphorsäuredüngung und Beregnung ist nicht gesichert.

In Tabelle 5 ist der durchschnittlich je Millimeter verregneten Abwassers erzielte Mehrertrag zusammengestellt.

Tabelle 5

Mehrertrag an Grünmasse in kg/ha je Millimeter verregneten Abwassers (Durchschnitt 1953—1958)

	30-mm-Gabe	60-mm-Gabe	Beregnung (Durchschnitt)
1. Schnitt	24	24	24
2. Schnitt	63	34	38
3. Schnitt	68	55	60
gesamt	52	38	41

Im Durchschnitt der Versuchsperiode wird je Millimeter verregneten Abwassers bei der 30-mm-Gabe sowohl bei den einzelnen Schnitten als auch im Gesamtdurchschnitt die höchste Leistung erzielt. Bei der Betrachtung der einzelnen Versuchsjahre ist eine sehr unterschiedliche Wirkung der Beregnung festzustellen. Die Zahlen schwanken zwischen einem Minderertrag von 21 kg und einem Mehrertrag von 183 kg/ha Grünmasse je Millimeter verregneten Abwassers. Die Annahme, daß die Beregnungswirkung bei irgendeinem Schnitt immer am besten sei, bestätigt sich nicht. Vielmehr zeigt in der Versuchsperiode jeder Schnitt einmal die höchste Ertragszunahme. Ebenso fällt die geringste Ertragszunahme nicht immer auf einen Schnitt.

Aus der Analyse der Grünmasseerträge in den einzelnen Versuchsjahren lassen sich nachstehende Folgerungen ableiten:

1. Der Wert des Abwassers besteht in einer Komplexwirkung von Wasser und Nährstoffen. Von den Nährstoffen wirkt insbesondere der Stickstoff. Bei der Abwasserberegnung sind deshalb andere Maßstäbe anzulegen als bei der Reinwasserberegnung.

2. Im Frühjahr zu früh verabreichte Gaben (vor Ende der ersten Mai-Dekade) lassen nur eine geringe Leistung erwarten, weil der Boden noch ausreichend mit Wasser versorgt ist und zusätzliche Wassermengen die Erwärmung des Bodens verzögern. Je größer dabei die Beregnungsgaben sind, desto schlechter ist die Ausnutzung des Abwassers, da durch die Ungunst des übermächtig wirkenden Wasserfaktors auch die sonst günstige Stickstoffwirkung ausgeschaltet wird.
3. Der Wasserwert kommt um so besser zur Wirkung, je geringer die natürlichen Niederschläge sind. Ist der Boden bereits mit Wasser gesättigt, wirkt nur noch der Stickstoff ertragsteigernd. Wird die Wasseraufnahmefähigkeit des Bodens überschritten, dann kommt es zu Wasserstauungen und ungünstiger Beeinflussung der Durchlüftung und Erwärmung, so daß auch der Stickstoff seine Wirkung einbüßt.
4. Der Beregnungseffekt steigt mit zunehmendem Stickstoffgehalt des Abwassers. Ein reichlicher Stickstoffgehalt kann von dem beregneten Schnitt nicht vollständig ausgenutzt werden und kommt bei den folgenden Schnitten noch zur Wirkung. Die Stickstoffwirkung des Abwassers ist am deutlichsten, wenn auf eine Stickstoff-Grunddüngung verzichtet wird.
5. Je Millimeter verregneten Abwassers ist die Wirkung bei der 30-mm-Gabe eindeutig besser als bei der 60-mm-Gabe.

Trockensubstanz

In Abbildung 7 ist der Trockensubstanzertrag und -gehalt zusammengestellt.

Abb. 7 Trockensubstanz-Ertrag (Durchschnitt 1953–58)

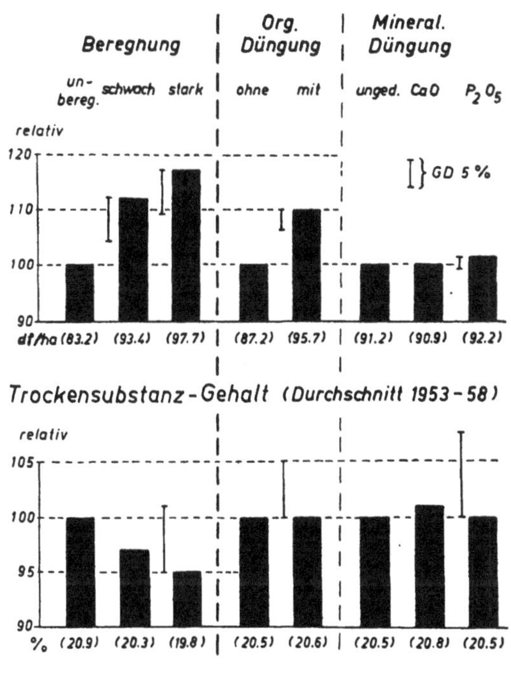

Der Trockensubstanzertrag wird durch die beiden Beregnungsgaben um 12 bzw. 17% erhöht. Somit bringt die starke Gabe gegenüber der schwachen nur einen Mehrertrag von 5%. Im Vergleich zum Grünmasseertrag steigt der Trockensubstanzertrag sowohl in der Gesamternte als auch bei den einzelnen Schnitten langsamer an. Die Ursache dafür ist in einem — wenn auch nicht gesicherten — Zurückbleiben des Trockensubstanzgehaltes zu suchen. Der höhere Wassergehalt des beregneten Grases folgt den allgemeinen Gesetzmäßigkeiten und ist die Ursache des schnelleren und üppigeren Wuchses.

Eine Ausnahme macht der zweite Schnitt. Dort liegt der Trockensubstanzgehalt des beregneten Aufwuchses über dem des unberegneten. Dieses entgegengesetzte Verhalten wird durch die Ergebnisse der Jahre 1954 und 1956 bewirkt. Der zweite Schnitt dieser beiden Jahre wuchs unter sehr starken natürlichen Niederschlägen heran, so daß bereits die unberegneten Flächen reichlich mit Wasser versorgt waren und ihr Aufwuchs infolgedessen einen niedrigen Trockensubstanzgehalt hatte. Unter diesen Verhältnissen blieb der Wasserwert des verabreichten Abwassers ohne Einfluß, und nur der Nährstoffwert kam zur Geltung. Dieser wirkte sich auf den Gehalt positiv aus. Anders dagegen in trockeneren Jahren, in denen die unberegneten Pflanzen einen höheren Trockensubstanzgehalt aufweisen und deshalb durch zusätzliche Wassergaben eine Verminderung des Gehaltes eintritt. Offenbar macht sich in den letzten Versuchsjahren auch der hohe Weißkleeanteil auf den unberegneten Parzellen auf diese Art bemerkbar. Der Weißklee ist zur Zeit des zweiten Schnittes sehr jung und weist daher einen höheren Wassergehalt als die Gräser auf.

Während die Stallmistdüngung den Trockensubstanzertrag in gesichertem Maße um 10% erhöht, bleibt sie auf den Trockensubstanzgehalt ohne Wirkung. Die Kalk- und Phosphorsäuredüngung hat auf den Ertrag und Gehalt an Trockensubstanz keinen Einfluß. Ebenso sind die Wechselwirkungen nicht gesichert.

Allgemeine Bemerkungen zum Nährstoffertrag

Der Nährstoffertrag des Dauergrünlandes wird von drei Größen bestimmt:

1. von dem Ertrag der Fläche an Trockensubstanz,
2. von der botanischen Bestandszusammensetzung und
3. von dem spezifischen Stoffgehalt der einzelnen Arten.

Da der Pflanzenbestand ein und derselben Grünlandfläche unter dem Einfluß der verschiedensten Faktoren dauernden Änderungen unterliegt, sind Ermittlungen über die Zusammenhänge und das Verhalten des Nährstoffertrages wesentlich schwieriger als bei Grasreinsaaten. Es ist nicht die Aufgabe vorliegender Arbeit, die Zusammenhänge zwischen Düngung und Nährstoffertrag zu erfassen, sondern hier soll nur so weit auf diese Fragen eingegangen werden, als sie zur Klärung der Beziehungen zwischen Beregnung und Leistung der Wiese erforderlich sind.

Rohprotein

Den Rohproteinertrag und -gehalt zeigt Abbildung 8[1].

Die Rohproteinerträge steigen in einer ähnlichen Proportion wie die Grünmasseerträge. Beide Beregnungsgaben bringen gegenüber „unberegnet" gesicherte Mehrerträge. Die starke Gabe erhöht den Ertrag gegenüber der schwachen um 7%.

[1] Die Nährstoffgehalte beziehen sich bei der organischen und mineralischen Düngung in einigen Jahren nur auf den ersten und zweiten Schnitt, da beim dritten Schnitt der Aufwuchs von den Parzellen mit mineralischer Düngung nicht immer untersucht wurde.

Abb. 8 Rohprotein-Ertrag in Tr. (Durchschnitt 1953–58)

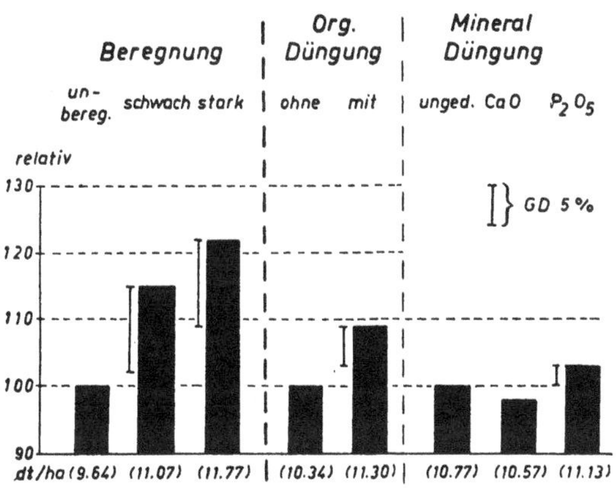

Rohprotein-Gehalt in Tr. (Durchschnitt 1953–58)

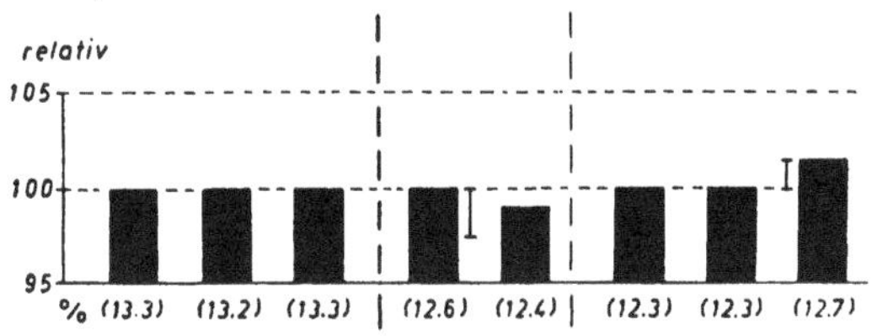

Der Rohproteingehalt wird im Durchschnitt der Versuchsperiode durch die Beregnung nicht beeinflußt. Aus der Abnahme des Kleeanteiles auf den beregneten Flächen müßte man auf einen Rückgang des Rohproteingehaltes schließen können. Auch die aus der Literatur bekannte Tatsache, daß bei Reinwasserberegnung der Eiweißgehalt der Gräser und Kleearten sinkt (SCHMIEHL, 36) und daß das Wiesenfutter in nassen Jahren stets einen geringeren Eiweißgehalt gegenüber trockenen Jahren hat (WÖHLBIER, 47), ließe eine Senkung des Rohproteingehaltes erwarten. Aus dem gefundenen Verhalten des Rohproteingehaltes ist zu folgern, daß der Stickstoff des Abwassers eine Steigerung des Rohproteingehaltes der Grasarten herbeigeführt hat. Bei dieser Betrachtung darf die Erhöhung des Krautanteiles nicht außer acht gelassen werden, da er ebenfalls gehaltserhöhend wirkt.

Zur Bestätigung dieser Annahme ist anzuführen, daß es in der Mitte der Versuchsperiode — 1955 und 1956 — zeitweise zu einer Gehaltssenkung des Gesamtfutters kam — besonders beim zweiten und dritten Schnitt —, als die Kleearten schon stark verdrängt waren, der Krautanteil sich aber noch im normalen Bereich bewegte. In diesem Versuchsabschnitt konnte die Gehaltsverminderung infolge Abnahme des Leguminosenanteiles durch die Gehaltserhöhung bei den Gräsern nicht ausgeglichen werden. Es ist jedoch festzuhalten, daß bei Verabreichung von Abwasser ein gewisses Absinken des Leguminosenanteiles keine Verminderung des Rohproteingehaltes zur Folge zu haben braucht.

Die Stallmistdüngung bewirkt eine Erhöhung des Ertrages um 9%, während der Gehalt unbedeutend zurückgeht. Die Kalkdüngung ist im Rohproteinertrag um 2%

unterlegen, die Phosphorsäuredüngung um 3% überlegen. Hinsichtlich des Rohproteingehaltes ist die Phosphorsäuredüngung der Kalkdüngung und gegenüber „ungedüngt“ gesichert überlegen.

Die Wechselwirkung Beregnung/Stallmistdüngung geht aus folgender Aufstellung hervor:

Rohproteinertrag i. Tr.	unberegnet		schwach beregnet		stark beregnet	
	dt/ha	rel.	dt/ha	rel.	dt/ha	rel.
ohne Stallmist mit Stallmist	9,39 9,89	100 100	10,44 11,68	111 118	11,19 12,34	119 125
Steigerung durch Stallmist	0,50	5%	1,24	12%	1,15	10%
Rohproteingehalt i. Tr.	%	rel.	%	rel.	%	rel.
ohne Stallmist mit Stallmist	12,9 12,2	100 100	12,4 12,2	96 100	12,6 12,5	98 102
Verminderung durch Stallmist	0,7		0,2		0,1	

Die Beregnung erhöht den Ertrag auf den mit Stallmist gedüngten Parzellen in einem höheren Maße wie auf den nicht mit Stallmist gedüngten. Ebenso ist der Effekt des Stallmistes auf den beregneten Parzellen ein besserer als auf den unberegneten.

Der Gehalt wird durch die Stallmistdüngung in dem Sinne günstig beeinflußt, als seine Verminderung auf den beregneten Parzellen geringer ausfällt als bei „unberegnet“.

Die Wechselwirkung Beregnung/mineralische Düngung geht aus nachstehender, stark zusammengefaßter Übersicht hervor:

Rohproteinertrag i. Tr.	ungedüngt		CaO		P_2O_5	
	dt/ha	rel.	dt/ha	rel.	dt/ha	rel.
unberegnet beregnet (Durchschnitt)	9,53 11,40	100 100	9,33 11,19	98 98	10,06 11,68	105 102
Steigerung durch Beregnung	1,87	20%	1,86	20%	1,62	16%
Rohproteingehalt i. Tr.	%	rel.	%	rel.	%	rel.
unberegnet beregnet (Durchschnitt)	12,5 12,5	100 100	12,5 12,1	100 97	12,8 12,7	102 102

Der Rückgang des Ertrages durch die Kalkdüngung ist auf den unberegneten und beregneten Flächen in der gleichen Weise angedeutet. Die Phosphorsäuredüngung hat auf allen Flächen geringe Mehrerträge gebracht.

Der Gehalt wird durch die Phosphorsäuredüngung in beiden Reihen geringfügig erhöht. In der Reihe „beregnet" wirkt sich die Kalkdüngung gehaltsvermindernd aus. Demnach setzt die Kalkgabe sowohl den Ertrag als auch den Gehalt an Rohprotein herab, während die Phosphorsäuregabe beides erhöht.

Rohfaser

Der Rohfaserertrag und -gehalt ist in Abbildung 9 zusammengestellt.

Abb. 9 Rohfaser - Ertrag in Tr. (Durchschnitt 1953-58)

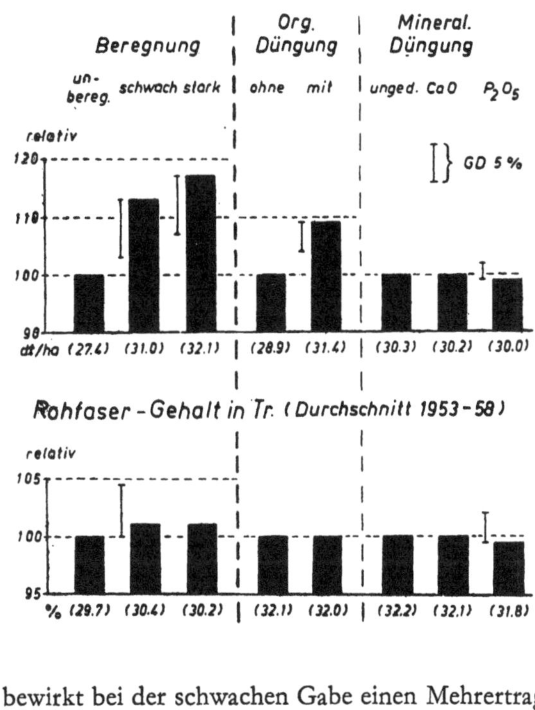

Die Beregnung bewirkt bei der schwachen Gabe einen Mehrertrag von 13% und bei der starken Gabe einen solchen von 17%. Diese Mehrleistung ist nicht auf eine Erhöhung des Gehaltes zurückzuführen, sondern durch die höheren Trockensubstanzerträge bedingt. Das verdient besondere Beachtung, weil mit zunehmendem Gehalt an Rohfaser die Verdaulichkeit und damit der Futterwert absinken. Andererseits ist ein bestimmter Gehalt an Rohfaser, insbesondere bei den Wiederkäuern, erforderlich, damit die Verdauungsvorgänge normal ablaufen können.

Die Wechselwirkungen sind nicht gesichert. Beregnung und Stallmistdüngung wirken unabhängig voneinander ertragssteigernd, so daß durch die Summenwirkung der höchste Rohfaserertrag erzielt wird.

Der Rohfasergehalt wird nicht in bemerkenswertem Umfange verändert; von allen Nähr- und Mineralstoffen zeigt er die geringsten Schwankungen.

Mineralstoffe

Die Ergebnisse stammen aus den letzten drei Versuchsjahren, in denen unter dem Einfluß der Beregnung eine deutliche Verschiebung in der botanischen Zusammensetzung des Bestandes eingetreten war. Entsprechend der Wichtigkeit werden hier vorzugsweise die Gehaltsveränderungen besprochen. Die Mineralstofferträge sind aus den Abbildungen 10 bis 12 zu ersehen.

Abb. 10 P_2O_5-Ertrag in Tr. (Durchschn. 1956–58)

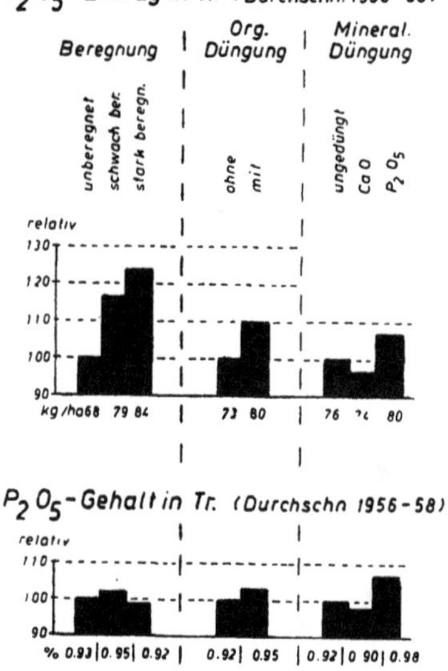

Sie steigen durch die Beregnung wie auch durch die Stallmistdüngung bei Phosphorsäure und Kali beachtlich an, während der Kalkertrag durch die Beregnung nur in geringem Maße und durch die Stallmistdüngung überhaupt nicht erhöht wird.

Phosphorsäure

Der Ertrag und Gehalt an Phosphorsäure i. Tr. ist aus Abbildung 10 zu entnehmen.

Die Beregnung bewirkt praktisch keine Veränderung des Phosphorsäuregehaltes. Auf Grund der starken Leguminosenabnahme hätte aber eine Verminderung des Phosphorsäuregehaltes eintreten müssen. Das war jedoch nicht der Fall, weil der erhöhte Krautanteil nach einer Steigerung des Gehaltes hin wirksam war. Außerdem ist nach den in der Literatur zugänglichen Versuchsergebnissen damit zu rechnen, daß die im Abwasser enthaltenen Nährstoffe eine Erhöhung des Stoffgehaltes, insbesondere der Gräser, herbeigeführt haben.

Die Wirkung der mineralischen Düngung im Zusammenhang mit der Beregnung geht aus der folgenden Zusammenstellung hervor (Angabe aller folgenden Mineralstoffwerte in der Trockensubstanz):

	unberegnet			schwach beregnet			stark beregnet		
	%	rel.		%	rel.		%	rel.	
ungedüngt	0,95	100	100	0,94	99	100	0,90	95	100
CaO	0,89	100	94	0,92	103	98	0,90	101	100
P_2O_5	0,98	100	103	0,99	101	105	0,98	100	109

Danach hat die Phosphorsäure- und Kalkdüngung auf den beregneten Flächen ein Absinken des Gehaltes verhindert. Hingegen fällt die Gehaltsverminderung auf den ungedüngten Parzellen bei „stark beregnet“ sehr klar aus.

Vergleicht man die Phosphorsäuredüngung mit „ungedüngt“, so ergibt sich übereinstimmend eine Anreicherung, die bei „stark beregnet“ mit 9% am höchsten ist.

Das läßt sich wohl so deuten: Da eine Veränderung des Leguminosen- und Krautanteils gegenüber „ungedüngt“ nicht festzustellen ist, kann die Anreicherung nur über die Hebung des Stoffgehalts der Arten erfolgt sein. Diese gelingt um so schwerer, je näher der Stoffgehalt an dem überhaupt erzielbaren Höchstgehalt liegt. Durch die reichliche Phosphorsäuregrunddüngung hat bereits der Aufwuchs von „ungedüngt" einen hohen Phosphorsäuregehalt aufzuweisen, so daß eine weitere Anreicherung nur langsam vonstatten geht. KÖNIG (27) gibt als oberste Grenze, bis zu der eine Steigerung des Phosphorsäuregehaltes im Wiesenheu möglich ist, 0,85% an (entspricht etwa 1,00% in der Trockensubstanz).

Die Kalkdüngung hat den Phosphorsäuregehalt auf den beregneten Parzellen nicht negativ beeinflußt. Gegenüber „ungedüngt" ist die Phosphorsäureverarmung mit 6% am deutlichsten bei „unberegnet", bei der schwachen Beregnung ist sie noch angedeutet, bei der starken Beregnung aufgehoben. Verglichen mit der Phosphorsäuredüngung verursacht die Kalkdüngung aber in allen Fällen einen Gehaltsrückgang. Dieser beruht auf einer Senkung des Stoffgehaltes der Arten. KLAPP (20) berichtet über ähnliche Ergebnisse.

Der Stallmist zeigt im Zusammenhang mit der Beregnung einen günstigen Effekt:

	unberegnet		schwach beregnet		stark beregnet	
	%	rel.	%	rel.	%	rel.
ohne Stallmist	0,93	100	0,94	101	0,91	98
mit Stallmist	0,93	100	0,97	104	0,95	102
Anreicherung durch Stallmist	—	—	0,03	3%	0,04	4%

Im Vergleich zu den nicht mit Stallmist gedüngten Flächen ergibt sich in jeder Beregnungsstufe eine Anreicherung.

Kali

Der Kaliertrag und -gehalt i. Tr. ist in Abbildung 11 dargestellt.

Die Beregnung verursacht nur eine unwesentliche Veränderung des Kaligehaltes. Das ist verständlich, da die Unterschiede der Artengruppen im Kaligehalt viel weniger ausgeprägt sind als zum Beispiel bei der Phosphorsäure (50, 27, 20, 37, 1). So haben verschiedene Gräser und Kräuter einen höheren Kaligehalt als manche Leguminosen. Außerdem läßt sich der Kaligehalt durch Kalidüngung allein und in Verbindung mit der Phosphatdüngung bei allen drei Artengruppen in einem Ausmaß steigern, wie es bei keinem anderen Mineralstoff möglich ist.

Abb. 11

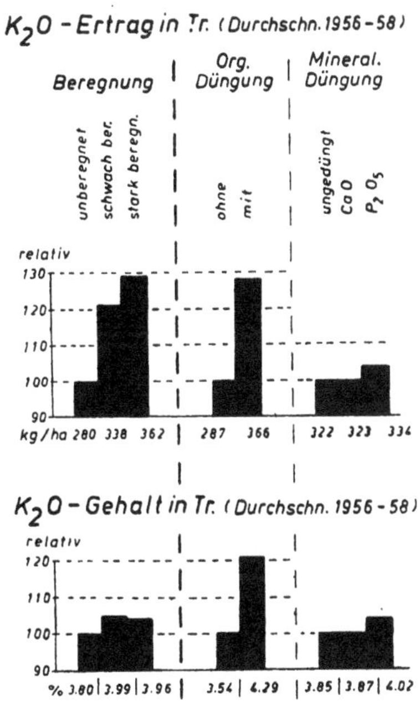

Die mineralische Düngung ergibt in den Beregnungsstufen folgendes Bild:

	unberegnet			schwach beregnet			stark beregnet		
	%	rel.		%	rel.		%	rel.	
ungedüngt	3,79	100	100	3,97	105	100	3,79	100	100
CaO	3,69	100	97	3,90	106	98	4,04	109	107
P_2O_5	3,92	100	103	4,10	105	103	4,05	103	107

Beide Düngungsweisen bewirken in den Beregnungsstufen eine auffallende Zunahme des Gehaltes. Diese ist auch auf den ungedüngten Parzellen bei „schwach beregnet" zu erkennen, dagegen ist die Gehaltsverminderung bei „stark beregnet" zunächst nicht zu erklären. Die Ursache der Anreicherung ist zweifellos im Kaligehalt des Abwassers zu suchen. Das beweist auch die Gehaltserhöhung auf den stallmistfreien Parzellen. Offenbar spielt auch die Zunahme des Krautanteiles eine Rolle.

Die Stallmistdüngung bewirkt, entsprechend den mit ihr aufgebrachten hohen Kalimengen, eine beachtliche Anreicherung des Futters. Im Zusammenhang mit der Beregnung ergeben sich folgende Werte:

	unberegnet		schwach beregnet		stark beregnet	
	%	rel.	%	rel.	%	rel.
ohne Stallmist	3,39	100	3,59	106	3,65	108
mit Stallmist	4,21	100	4,39	104	4,27	101
Anreicherung durch Stallmist	0,82	24%	0,80	22%	0,62	17%

Die Stallmistdüngung führt sowohl auf den beregneten als auch auf den unberegneten Parzellen zu einer beachtlichen Anreicherung. Die Beregnung erhöht den Kaligehalt in einem ähnlichen Maße wie auf den mit Kalk und Phosphorsäure gedüngten Parzellen.

Kalk

Eine Anreicherung ist nach KLAPP (20), BENDER (1) und anderen nicht oder nur sehr schwer zu erreichen. Am sichersten ist sie durch Kaliphosphatdüngung auf dem Wege der Leguminosenförderung zu erzielen (43). Wenn es auch möglich ist, den Kalkgehalt jeder Artengruppe durch einseitige Kalkdüngung zu erhöhen [MÜCKENBERGER (32), ZÜRN (50)], fand doch KLAPP im Mittel vieler Versuchsreihen eine Verarmung. Der Erfolg hängt vornehmlich vom Reaktionszustand des Bodens ab. Gleichzeitige starke Stickstoffbeidüngung senkte den Gehalt in besonderem Maße.

Angesichts der unterschiedlichen Resultate in der Literatur kommt das Ergebnis nicht überraschend (Abbildung 12). Die starke Kalkdüngung bewirkt auf dem basenreichen Boden praktisch keine Anreicherung. Die Verarmung bei der Stallmistdüngung ist eine Folge der starken Stickstoffzuführung im Stallmist.

Die Beregnung verursacht eine erhebliche Abnahme des Kalkgehaltes. Eine Ursache der Kalkverarmung besteht zweifellos in dem Rückgang des Leguminosenanteils. Außerdem beeinträchtigt der Abwasserstickstoff den Kalkgehalt der Artengruppen. Die Kalkverarmung als Folge der Stickstoffdüngung erklärt VAN DAALEN (7). Danach nehmen die Wurzeln von April bis August sehr wenig Kalk auf. Die beschränkte Kalkmenge muß bei der durch Stickstoff erhöhten Massenbildung auf eine größere Erntemenge verteilt werden, infolgedessen sinkt der Gehalt gegenüber einer nicht mit Stickstoff gedüngten Fläche. Offenbar spielt auch die Kaligrunddüngung eine Rolle, da sich möglicherweise der Kalk-Kali-Antagonismus auf den beregneten Flächen anders auswirkt als auf den unberegneten.

Abb. 12 CaO-Ertrag in Tr. (Durchschn. 1956-58)

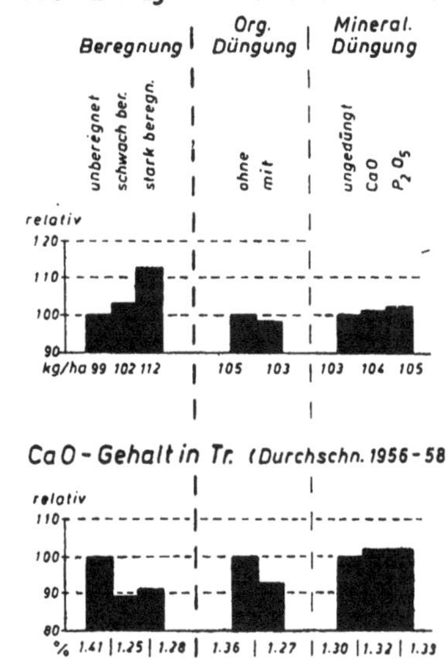

Aus nachstehenden Zahlen wird der durchschlagende Einfluß der Beregnung offenkundig:

	unberegnet			schwach beregnet			stark beregnet		
	%	rel.		%	rel.		%	rel.	
ungedüngt	1,42	100	100	1,25	88	100	1,22	86	100
CaO	1,36	100	96	1,25	92	100	1,35	99	111
P_2O_5	1,46	100	103	1,24	85	100	1,29	88	106

Die Beregnung senkt den Kalkgehalt in allen Düngungsstufen, am stärksten bei „ungedüngt“ und „P_2O_5“. Nicht einmal die Kalkdüngung hat den Rückgang des Kalkgehaltes aufhalten können. Ihre Wirkung ist aber bei beiden Beregnungsgaben in Form einer deutlichen Erhöhung zu erkennen. Vergleicht man die Kalkdüngung mit „ungedüngt“, so ergibt sich auf den unberegneten Flächen eine Verarmung, auf den stark beregneten Flächen jedoch eine klare Anreicherung, die für die Anwendung des Kalkes spricht.

Der Stallmist senkt den Kalkgehalt sowohl auf den unberegneten als auch auf den beregneten Parzellen in fast einheitlichem Maße.

	unberegnet		schwach beregnet		stark beregnet	
	%	rel.	%	rel.	%	rel.
ohne Stallmist	1,48	100	1,31	89	1,28	86
mit Stallmist	1,35	100	1,19	88	1,18	87
Verminderung durch Stallmist	0,13	9%	0,12	9%	0,10	8%

Die Ergebnisse lassen darüber hinaus erkennen, daß die Gehaltsverminderung durch die Beregnung in beiden Reihen fast einheitlich verläuft, die starke Gabe zeigt aber die Tendenz einer stärkeren Verarmung.

Zusammenfassung

Die Abwasserberegnung bewirkte auf dem unter Grundwassereinfluß stehenden Standort in der siebenjährigen, relativ niederschlagsreichen Versuchsperiode bei Verabreichung einer als normal zu bezeichnenden mineralischen Grunddüngung gesicherte Mehrerträge an Grünmasse und Trockensubstanz. Im Durchschnitt der Versuchsperiode stieg damit gleichzeitig der Ertrag an Rohprotein und Rohfaser, während der Gehalt an Trockensubstanz sank und der Rohprotein- und Rohfasergehalt im wesentlichen gleich blieben.

Hinsichtlich der Mineralstofferträge ergaben sich vom fünften bis zum siebenten Versuchsjahr erhebliche Steigerungen des Phosphorsäure- und Kaliertrages, aber nur eine geringe Erhöhung des Kalkertrages. Die Phosphorsäure- und Kaligehalte unterlagen keiner bemerkenswerten Veränderung, während der Kalkgehalt deutlich sank.

Die zusätzliche Phosphorsäure- und Kalkdüngung sowie die Stallmistgabe hatten im Zusammenhang mit der Beregnung einen günstigen Einfluß auf den Nähr- und Mineralstoffgehalt des Futters. Eine Ausnahme machte lediglich der Kalkgehalt, bei dem die Stallmistdüngung den durch die Beregnung verursachten Gehaltsrückgang noch verstärkte.

In der Zusammensetzung des Pflanzenbestandes traten vom fünften Versuchsjahr ab ungünstige Verschiebungen ein. Die Hauptwirkung bestand in einer Verdrängung der Leguminosen, auf deren Kosten bis zum sechsten Versuchsjahr die Kräuter und Gräser und im siebenten Versuchsjahr nur noch die Kräuter zunahmen. Der Rückgang des Leguminosenanteils sowie die vermehrte Ausbreitung der Doldenblütler bedeuten — auch bei gleichbleibenden Analysenergebnissen der wichtigsten Nähr- und Mineralstoffe — eine Bestandesverschlechterung und einen Abfall des Futterwertes.

Bei jahrelanger Abwasserzufuhr ist die Wirkung des Abwassers ebenso zu bewerten wie diejenige fortgesetzter Jauchegaben oder einseitiger mineralischer Stickstoffdüngung. Höchster Ertrag und beste Qualität schließen sich gegenseitig aus.

Schlußfolgerungen:

Auf Grund der ungünstigen Beeinflussung des Pflanzenbestandes ist es in Abwassergebieten auf die Dauer nicht möglich, bei reiner Mähnutzung hohe und qualitativ befriedigende Futterernten zu erzielen. Um die Verdrängung der wertvollen Leguminosen sowie die unerwünschte Ausbreitung der Umbelliferen zu verhindern, wird der Übergang zur Mähweide oder Weidewiese zur zwingenden Notwendigkeit. Regelmäßige Kalkung ist nur auf Grünlandflächen zu empfehlen, deren pH-Werte zu niedrig liegen, während auf reichliche Phosphorsäure-, Kali- und Stallmistgaben nicht verzichtet werden darf.

Резюме

Дождевание сточными водами на месте произрастания, стоящем под влиянием грунтовых вод, в семилетнем, сравнительно богатом осадками опытном периоде, при нормальных дачах основного минерального удобрения привело к достоверным прибавкам урожая зеленой массы и сухого вещества. В среднем опытного периода этим одновременно увеличился сбор сырого протеина и сырого волокна, в то время, как содержание сухого вещества уменьшилось, а содержание сырого протеина и сырого волокна осталось почти неизмененным.

Относительно сбора минеральных веществ с пятого по седьмой год опыта, получилось значительное увеличение сбора фосфорной кислоты и калия, между тем, как сбор кальция увеличился лишь незначительно. В содержании фосфорной кислоты и калия не наступило заметного изменения, в то время, как содержание извести явно уменьшилось.

Дополнительное удобрение фосфорной кислотой и известью, а также доза навоза в связи с дождеванием оказывали положительное влияние на содержание питательных и минеральных веществ в корме. Исключением являлось только содержание извести; это содержание, уменьшенное уже дождеванием, было еще более снижено удобрением навозом.

В составе травостоя начиная с пятого опытного года наступили нежелательные изменения. Главное действие состояло в вытеснении бобовых, за счет которых до шестого года опыта увеличивался процент разнотравья и злаковых, а с седьмого года опыта — только процент разнотравья. Уменьшение процента бобовых и дополнительное распространение зонтичных означают — и при одинаковых результатах анализа важнейших питательных и минеральных веществ — ухудшение травостоя и понижение кормовой ценности.

При многолетнем дождевании сточными водами действие сточных вод следует оценивать так же, как продолжительные дачи навозной жижи или одностороннего минерального удобрения азотом. Наивысший урожай и наилучшее качество исключают друг друга.

Выводы:

На основе отрицательного действия дождевания на травостой в районах сточных вод, при чистом использовании в качестве сенокоса нельзя добиться в течение продолжительного времени высоких и качественно удовлетворительных урожаев кормовых растений. Для того, чтобы предотвратить вытеснение ценных бобовых и нежелательное распространение зонтичных, переход к комбинированному пользованию в качестве сенокоса и пастбища становится неизбежным. Регулярное известкование рекомендуется только на кормовых угодиях, в почве которых показатели pH являются слишком низкими, в то время как нельзя отказаться от обильных дач фосфорной кислоты, калия и навоза.

Summary

In a seven years' comparatively wet experimental period, sewage irrigation in conjunction with an over-all average mineral dressing resulted on a location being greatly affected by ground water in significant surplus yields of green mass and dry matter. On the average of the experimental period, the crude-protein and crude-fiber yields increased while the dry-matter content decreased and the crude-protein and crude-fiber contents showed virtually no variation.

Regarding the yields of mineral, the yields of phosphoric acid and potash indicated a considerable increase from the 5th to 7th year of experiment while there was only a slight increase of the lime yield. The contents of phosphoric acid and potash did not vary remarkably while the lime content was markedly reduced.

The additional application of phosphoric acid, lime, and farmyard manure in conjunction with irrigation affected favourably the nutrient and mineral contents of the food. Only the lime content made an exception. Its decline due to irrigation was increased by the application of farmyard manure. The composition of the plant population showed unfavourable shifts from the 5th year of experiment onwards. Legumes were mostly affected, at the cost of which herbs and grasses increased until the 6th year of experiment. In the 7th year of experiment only herbs increased. The decline in the proportion of legumes as well as the increased spreading of Umbelliferae result in a stand deterioration and decline of the feeding value, even in case of constant results of analyses of the most important nutrients and minerals.

With a sewage supply over many years the effect of the sewage can be considered the same as that of continuous applications of liquid manure or an one-sided supply of mineral nitrogen. Highest yield and best quality are mutually exclusive.

Conclusions:

Owing to the unfavourable influence upon the plant population it is not possible to obtain in sewage areas permanently high and qualitatively satisfactory fodder yields by a mere cutting utilization. In order to prevent the suppression of the valuable legumes and the undesirable spreading of Umbelliferae, the change-over to the hay/pasture grassland or pasture-meadow becomes urgently necessary. Regular lime supplies should be applied only on grassland areas of which the pH-values are too low. However, abundant applications of phosphoric acid, potash, and farmyard manure may not be dispensed with.

Literaturverzeichnis

1. BENDER, H.: Der Nährstoffertrag des Dauergrünlandes. 1940, Berlin, Verl.-Ges. für Ackerbau
2. BENJAMIN, A., JONES, jr., und L. HOWARD: Zusatzberegnung von Weideflächen (Supplemental irrigation of pastures). Agric. Engineering 1955, **36**, 181–184. Ref. in Landwirtschaftl. Zbl. Abt. III, 1957, Nr. 2, 181
3. BORCHARD, H.: Einige Untersuchungsergebnisse über die Feldberegnung auf Dauerweiden mit schwerem Boden. RKTL-Schr. 1932, H. 30, 89
4. BROUWER, W.: Beregnungszeitpunkt und Beregnungserfolg. Die Feldberegnung, dritte Folge. RKTL-Schr. 1936, H. 49
5. BROUWER, W., und A. STÄHLIN: Bessere Nutzung des Saaletales durch Umbruch seiner Wiesen. Arb. Thür. Landwirtsch. Versuchsstation Jena 1937, H. 1
6. BRÜNNER, F.: Nähr- und Mineralstoffgehalt des Wiesenheues in seiner Abhängigkeit von Düngung und Pflanzenbestand. Grünland 1952, **1**, 18
7. DAALEN, C. K. van: De beteekenis van den kalktoestant van den grond voor grasland. Landbouwkundig T. 1931, 43

8. ENGEL: Die landwirtschaftliche Verwertung der Abwässer der Stadt Leipzig im Gebiet der „Delitzscher Abwasserverwertungsgenossenschaft" (Dewag). Dt. Landeskulturztg. 1936, **5**, 18
9. ELLENBERG, H.: Wiesen und Weiden und ihre standörtliche Bewertung. 1952, Stuttgart-Ludwigsburg, Verl. Eugen Ulmer
10. FEHREND, W.: Untersuchungen über die Verregnung von Abwässern auf Grünland. Landwirtsch. Jb. 1942, **91**, 449
11. FRECKMANN, W., BROUWER, W., und H. BORCHARD: Untersuchungen über die Verregnung von städtischem Abwasser und Reinwasser auf leichtem Sandboden. RKTL-Schr. 1933, H. 38
12. FRÖHLICH, G.: Der Einfluß der Feldberegnung auf die Grünlandwirtschaft. Mitt. DLG 1930, **45**, 352
13. GEITH, R.: Grünlandanlagen im Abwassergebiet. Dt. Landeskulturztg. 1936, **5**, 299
14. GEITH, R.: Die künstliche Beregnung auf Weiden. Fünfjährige Ergebnisse eines Weideberegnungsversuches der betriebswirtschaftlichen Forschungsstelle für Grünlandwirtschaft Leipzig. Jb. über Weidewirtsch. u. Futterbau, Hannover 1936, **12**, 64
15. GERICKE, S.: 10 Fragen der Wiesendüngung. 1952, 2. Aufl., Essen, Tellur-Verl.
16. HOHMANN, W.: Untersuchungen über den Einfluß der Beregnung auf die Menge und Güte von Grünlanderträgen. Z. Acker- u. Pflanzenbau 1955, **99**, 207
17. KLAPP, E.: Der Grünlandversuch. Arb. DLG 1931, H. 383
18. KLAPP, E.: Landwirtschaftliche Anwendungen der Pflanzensoziologie. 1949, Stuttgart, Eugen Ulmer
19. KLAPP, E.: Pflanzengesellschaften des Wirtschaftsgrünlandes. Manuskript der Arbeitsgemeinschaft für Grünlandsoziologie, Braunschweig-Völkenrode, 1951
20. KLAPP, E.: Wiesen und Weiden. 1954, 2. Aufl., Berlin, Verl. Parey
21. KLAPP, E.: Flächenschätzung oder Ertragsanteilschätzung auf Grünland? Z. Acker- u. Pflanzenbau 1956, **100**, 26
22. KLAPP, E., BOEKER, P., KÖNIG, F., und A. STÄHLIN: Wertzahlen der Grünlandpflanzen. Grünland 1953, **2**, 38
23. KLEMM, G.: Über die Verregnung von Abwässern auf Weideflächen unter besonderer Berücksichtigung der auf dem Universitätslehrhof Jena-Zwätzen errichteten Abwasserverregnungsanlage. 1940, Diss. Univ. Jena
24. KÖHNLEIN, J., und G. BUSCH: Stallmist auf das Grünland. Grünland 1953, **2**, 42
25. KÖNEKAMP, A.: Grünlandansaat und Entwicklung der Arten im Pflanzenbestand. Pflanzenbau 1929/30, **6**, 210
26. KÖNIG, F.: Die Rolle der Nährstoffversorgung für die Leistungssteigerung der Wiese. Landwirtsch. Jb. Bayern 1950, 27. S.-H.
27. KÖNIG, F.: Der Futterwert der Grünlandkräuter. Mitt. DLG 1954, **69**, 480, 497, 526
28. KREIL, W.: Der Einfluß von Bewirtschaftung und Nutzung auf Pflanzenbestand und Ertrag von Dauerweiden. Wiss. Z. Humboldt-Univ. Berlin, math.-naturwiss. R., 1953/54, **3**, 503
29. KREUZ, A.: Über grundsätzliche Fragen der landwirtschaftlichen Abwasserverwertung. Dt. Landeskulturztg. 1936, **5**, 279
30. LANG: Die Beregnung auf dem oberen Hardthof, dem Tierzuchtinstitut der Universität Gießen. Mitt. DLG 1930, **45**, 588
31. MARTINY, H.: Die Feldberegnung in Mitteldeutschland. Arb. DLG 1927, H. 354
32. MÜCKENBERGER, K.: Läßt sich der Kalkgehalt des Heues durch Düngung verbessern? Grünland 1953, **2**, 23
33. NEWRZELLA, B.: Futtererträge in Abwassergebieten. 1953, Berlin, Dt. Bauernverl.
34. RAABE, E.-W., und D. THOMSEN: Über die Bedeutung genauer botanischer Analysen bei Beurteilung von Düngerversuchen im Grünland. Grünland 1955, **4**, 36
35. RUTHS, H.: 50 Jahre Berliner Rieselgüter. In „50 Jahre Berliner Stadtentwässerung". 1928, S. 300, Berlin, Verl. Alfred Metzner
36. SCHMIEHL, M.: Über den Einfluß der Wasserversorgung auf den Eiweißgehalt von Gras- und Kleearten. Kulturtechniker 1941, **44**, 222

37. SCHULZE, E.: Über den Rohprotein- und Mineralstoffgehalt von Wiesenpflanzen. Grünland 1953, **2**, 82
38. SCHULZE, E.: Besondere Düngerwirkungen auf Ertrag und Pflanzenbestand. Grünland 1956, **5**, 91
39. SCHUMACHER: Die Ergebnisse der Bewässerungsversuche auf den Siegerländer Rieselwiesen. Kulturtechniker 1942, **45**, 259
40. SCHWARZ, K.: Die Abwasserlandbehandlung – ein landwirtschaftlich-wasserwirtschaftliches Erfordernis. Wasserwirtschaft-Wassertechnik 1956, **6**, 361
41. SCHWARZ, K.: Der gegenwärtige Stand der Verbesserungsmöglichkeiten in der Ausnutzung und Reinigung des Abwassers durch Landbehandlung in der Deutschen Demokratischen Republik. Wasserwirtschaft-Wassertechnik 1956, **6**, 366
42. SCHMAUDER, G.: Untersuchungen und Betrachtungen zur Hygiene der Abwasserlandbehandlung. Wasserwirtschaft-Wassertechnik 1957, **7**, 93
43. STAPLEDON, R. G.: White clover as a factor in the improvement of grassland and in its relation to the feeding properties of the sward. III. Grünlandkongreß 34, 186–192
44. TIEMANN, A., und G. MÜLLER: Die Ergebnisse mehrjähriger Beregnungsversuche auf Dauerweiden im kontinentalen Klima. RKTL-Schr. 1933, H. 38, 119
45. WACKER, F. W.: Vergleichende Prüfung von landwirtschaftlich brauchbaren Verfahren der Grünlandbestandsuntersuchung. Pflanzenbau 1943, **19**, 328
46. WEHSARG, O.: Wiesenunkräuter. 1935, Berlin
47. WÖHLBIER, W.: Welche Forderungen sind an die Qualität der pflanzlichen Futtermittel vom Standpunkt der Tierernährung zu stellen? Landwirtsch. Forsch., 2. S.-H., 61
48. ZUNKER, F.: Landwirtschaftliche Verwertung der Abwässer. Gesundheitsingenieur 1936, **59**, 373 u. 386
49. ZUNKER, F.: Laufende Berichte über die Abwasserberegnungsversuche in Schebitz. Kulturtechniker 1931–1934, **34–37**
50. ZÜRN, F.: Der Nährstoff- und Mineralstoffgehalt von Gräsern, Leguminosen und Kräutern auf Wiesen. Z. Acker- u. Pflanzenbau 1951, **93**, 444
51. ZÜRN, F.: Der Humusgehalt von Grünlandböden. Bodenkultur 1956, **9**, 27

www.ingramcontent.com/pod-product-compliance
Lightning Source LLC
LaVergne TN
LVHW081341011026
849161LV00013BB/2976
* 9 7 8 3 1 1 2 6 5 6 7 3 0 *